JN252660

日本名水紀行

巻一　西日本編

生命力の泉と食楽

重里　俊行

はじめに

人間の体重の60%以上は水分。細胞も血液も基本は水なのです。体中に張り巡らされた血管を通じて、おいしい水を全身に届けてあげましょう。

名水を訪れると、都会の生活では忘れがちな自然の息吹が体感できます。名水の地は美しい自然に包まれた場所が多いので、周辺を散策するだけでも気分は爽快になります。また、農産物も新鮮で健康的、楽しい時間を過ごすことができます。子供達には、ちょっとした冒険気分も味わえる良い思い出となるでしょう。まさに現代のオアシスともいえます。

こうした思いから、この書をとりまとめてみました。みなさんのご参考になれば、大きな喜びです。

目　次

第一章　九州の名水

その一

大隅・日向・薩摩

（鹿児島県・宮崎県）

霧島連峰西山麓	丸池湧水
〃　東山麓	出の山湧水
九州山地大森岳山麓	綾川湧水群
薩摩半島 シラス台地	清水の湧水

丸池湧水（まるいけゆうすい）

鹿児島県姶良郡(あいらぐん) 湧水町木場　　　　　名水百選

霧島山麓の湧水のシンボルとも評価できる丸池(まるいけ) は、湧水町にある美しい泉の池。池の底のあちこちから１日６万トン弱の良質な地下水が湧き出している。

水面に反射する木々の緑の中に、池の底の湧出口の冴え切ったコバルトブルーが、まるで印象派の巨匠モネの絵のように、水辺を一層惹き立てている。その美しさは秀逸である。

水中の様子はアクアマリンそのもので、透明度は極めて高く、淡い水色の神秘的な世界が広がっている。

池の背後には美しい竹林に囲まれた遊歩道があり、池の全容を鳥瞰できる池泉回遊式庭園の趣で散策やピクニック等に最適。

水汲み場は池のすぐ傍に整備されており、清潔に保たれている。水質は弱アルカリ性の軟水。硬度 48mg/L　PH 7.3　と理想的な飲用水で、栗野山（標高 600m）付近に浸みこんだ雨水が 35 年の歳月を経た伏流水として湧出する名水中の名水とされている。水温が 18.0 度とややぬるいため、夏に水汲み場で口にするとその「おいしさ」が過小評価されがちだが、冷蔵庫で冷やすか氷を入れると、その素晴らしさが実感できる。

アクセス　MEMO

鹿児島空港から九州自動車道で栗野 IC を出てすぐ。のどかな栗野駅の東側にある。無料駐車場、水遊び場等の付帯設備も完備。

出の山湧水（いでのやまゆうすい）

宮崎県小林市南西方（こばやしし　みなみにしかた）　　名水百選

出の山公園の周辺の斜面の岩間や砂礫の地面から澄み切った水が、こんこと噴き出している。

湧出口は無数にあり、水質は非常に良好、しかも毎秒1トンという豊かな水量を誇る。周辺には多様な生き物が生息し、豊かな自然環境が維持されている。

出の山湧水は環境省の「ふるさといきものの里」にも選定されている地域。5月下旬から6月上旬にかけては、数万匹のゲンジボタルが乱舞する幻想的空間となるため、多くの人びとが訪れる。

食楽MEMO

宮崎産　チョウザメ

写真上：小林市観光協会のHPの画像による

宮崎県水産試験場小林分場の永年の努力が結実し、稚魚生産、魚肉の成分分析、キャビアの製造技術などが確立されている。既にチョウザメ飼育尾数が日本一となり、平成25年の冬からは「宮崎産キャビア」の販売も開始された。豊富な名水による貴重な幸である。キャビアの印象が強いチョウザメだが、その魚肉もヨーロッパでは「ロイヤルフィッシュ」と呼ばれ、高級食材として珍重されている。

小林市周辺で養殖されているシロチョウザメの魚肉は、透明感と光沢があり、刺身として食するとクエやフグと似たしっかりとした歯ごたえがあって美味。ヒラメの背の部分に似たきわめて淡白で上品な味わい。出の山公園内の料理店「出の山いこいの家」で賞味できる。他にも鯉やニジマスの料理などを、安価に楽しむことができる。

アクセス　MEMO

宮崎自動車道の小林ICから近い。カーナビの目的地設定には上記の料理店の電話番号（0984-22-5151）を入力するのが簡便。

立ち寄りMEMO　霧島連峰とえびの高原

阿蘇や雲仙と並ぶ九州の代表的な国立公園である霧島地区は、雄大な山々が連なり、いくつもの火口湖や硫黄泉の湯けむりなど変化に富んだ、大変魅力のある高原。

高千穂峰（たかちほのみね：標高 1,574 m）は、西に活火山である御鉢（おはち）、東に二ツ石を両肩のように従えて聳え立つ大雄峰で霧島の象徴ともいえる名山。写真左は東側の御池（国道２２３号線の展望駐車場）から観た夕暮れ時の高千穂峰。神々しい静寂に包まれる。

えびの高原の不動池の近くには、酸性水が湧出している。胃腸に良いとの評判から水汲みに訪れる人が見受けられる。

酸っぱくて美味しくはないが、なるほどピロリ菌も退散しそうな味である。

霧島連峰の航空写真

http://www.kanko-miyazaki.jp

NOTE　2011年　新燃岳（しんもえだけ）大噴火

霧島山・新燃岳噴火災害・写真リポート http://www.bo - sai.co.jp による。

（井上博美氏が１月２７日韓国岳から撮影）。

新燃岳の火口湖である新燃池は、かつて美しいコバルトブルーの池で、多くの人が訪れた。

（写真右：http://www.kanko-miyazaki.jp）

ところが、2011年１月に起こった52年ぶりの爆発的大噴火で、噴煙は火口から2500m上空まで立ち上り、火砕流も発生。このため新燃池は一瞬で消滅した。

（写真下：http://www.bo-sai.co.jp）

NOTE　火山灰とその利用

2111 年の大噴火による火山灰は、新燃岳の山麓の高原町(たかはるちょう）に大量に降り積もった。

(写真左：ttp://www.bo-sai.co.jp)

降り積もった膨大な量の火山灰は厄介であったが、その活用を試みて創出された食品が、**「熟成たかはるの灰干し」**である。地元の**中嶋精肉店**が、燻製でもなく干物でもない、**「灰干し」**という新たな製法で作り上げた食品である（0984-42-1346)。

鹿肉や豚肉を塩水に浸してから、半透膜である特殊なセロハンで包み、火山灰で挟み込んで低温熟成されている。火山灰がアンモニア等の臭みを吸収し、旨みが増すとともに素材を柔らかくする。炭火焼の上、真空パックされているため保存がきく。

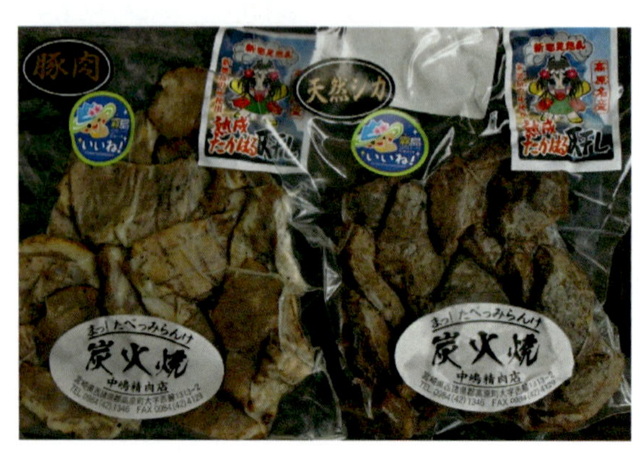

熱湯または電子レンジで温めるかそのままでも食べられる便利な食品である。「焼きそば」などの具材にも好適で、なかなかおいしい。

湯楽MEMO　霧島神宮と霧島温泉郷

霧島神宮は瓊瓊杵尊(ニニギノミコト)の天孫降臨の地である高千穂峰の直近に鎮座する大社。夕暮れ近くの静寂な境内の雰囲気は、とくにすばらしい霊的空間となる。

境内の霧島杉は、樹齢８００年、高さ３８m、幹廻７mの大木。手水場には湧水が溢れており、名水に加えることもできるような綺麗で口当たりのまろやかな水である。

霧島火山帯は北西から南東方向（戌亥から辰巳の方角）に約３０キロ、幅は約２０ｋｍの範囲に２０余りの多様な火山が密集している。そのため、あちこちで湯量豊富な温泉が噴出しており、硫黄谷や林田温泉などのすばらしい温泉がある。

写真左は丸尾ノ滝(高さ２３m)で、硫黄谷温泉などから湧き出した温泉が混ざっているため、写真下の林田温泉の露天風呂と同じ色あい。

綾川湧水群（あやがわゆうすいぐん）

宮崎県東諸県郡綾町(ひがしもろがたぐんあやちょう)　名水百選

大森岳（1109m）や七熊山（929m）の山麓に広がる照葉樹林に貯えられた豊かな水が湧出し、綾北川、綾南川となって本庄川を経て大淀川に下る。

綾川の湧水は、照葉樹林内に無数に点在しておりその水量は定かではないが非常に豊かである。

小林市側から綾南ダムを通って綾に下る狭隘な県道26号を走ると、いたるところに湧水が観られ、綾川の深い渓谷に流れ込む姿は美しい。

NOTE　照葉樹林

照葉樹林とは、温帯の常緑広葉樹林の一つで、葉の表面の照り返しが強いのでこの名がある。温帯では、冬季の寒さをしのぐために、落葉広葉樹か多い。ところが、寒さが厳しくない地域では、落葉せずに凌げる常緑広葉樹林が生育する。概ね西日本の山麓は、元来は照葉樹林に覆われていたと考えられるが、農地開拓や植林によって様相も変化した。綾町の照葉樹林は国内最大規模で、古来の自然景観が残存している。和の雅（みやび）の素晴らしさは、針葉樹林帯には求め難い。ドイツの黒い森などとは大きく異なり、照陽樹林の山麓は陽気あふれる光の地なのである。

綾川湧水の水汲み場

綾川湧水の汲み場として便利な所は、「雲海酒造」に隣接する**「酒泉の杜」**。小綺麗な観光タウンになっており、入り口付近に水汲み場がある。人々が車で次々に訪れている。

（綾町大字南俣　0985-77-2222）

清水の湧水（きよみずのゆうすい）

鹿児島県南九州市川辺町清水（かわなべちょうきよみず）　名水百選

鹿児島特有のシラス台地のほぼ垂直の崖下から湧きだす名水。屋形の背面の岩の下が湧出口である。町の上水道源として貴重な存在。

水量は１日6000トンであるが、湧水源の外観からは、その水量の豊かさは実感しにくい。これは、水道の取水が屋形の裏側の湧出口から直接されており、前面の水路にはごく少量を流しているからである。いわば名水のシンボル的な場であり、水汲みに訪れる人は少ない。近隣の人々は、自宅でこの水を飲めるからである。

湧出口の直近の岩には、冷たい良質の清水にのみ生育する紅藻(こうそう）によって、赤く色づいている。若狭の名水「瓜割の滝」などと類似している。

立ち寄りMEMO　清水岩屋公園　水の郷百選

清水の湧水を訪れた際には、是非とも立ち寄るべき所である。

シラス台地の切り立った壁面と歴史的な磨崖仏（まがいぶつ）を眺めながらの遊歩道散策、清流での水遊びや広々とした芝生の庭園でのピクニックなど、誰もが楽しめる素晴らしい親水公園である。

水汲み場としては、清水岩屋公園入口の手前の橋の下にある清魂水に立ち寄るといい。ここには、ポリタンクを持った人々が頻繁に訪れている。爽やかな水である。

NOTE - 4　巨大カルデラとシラス台地

姶良(あいら) **カルデラ**：　カルデラとは、火山の活動によってできた大きな凹地のことで、「鍋」や「釜」という意味のスペイン語に由来する。姶良カルデラは桜島を囲む巨大カルデラで、湾の北部は直径約 20km の大釜状の窪地となっている（写真参照)。そこには、海底火山群である若尊(わかみこ）が現在も活動中である。

カルデラの写真は下記による
http://upload.wikimedia.org/wikipedia/commonsSakura-jima_from_space

シラス台地　：　大噴火による火砕流と桜島や霧島山などが噴出した新期火山灰（シラス）が積み重なって創造された台地のこと。鹿児島県の面積のほぼ半分がシラス台地である。シラス台地では、雨水がすぐに地中に浸透する。また、シラスは有機物はほとんど含まないので農業に好適な土壌ではなかった。近世以降、サツマイモ、大豆、アブラナの栽培を中心に農地化が進んだ。それぞれ炭水化物、タンパク質、脂肪の三大栄養素を受け持ち、シラス台地の三大作物と呼ばれるほどに普及した。

食楽MEMO　げたんは（薩摩の素朴な菓子）

昔から薩摩で親しまれてきた駄菓子で、サトウキビからつくられた黒砂糖と小麦粉で焼かれたもの。 わが国の黒糖作りの父とも言うべき直川智（すなおかわち）が、中国の福建省から薩摩の大島郡にサトウキビの苗と製糖技術を持ち帰ったのが始まりとされている。

「げたんは」は、素朴で庶民的なおいしさで知覧茶などとよく合う。

昼下がりに、気取りのないこの菓子を、親しい友との語らいの場で食べるのは楽しい時間となろう。

アクセス　MEMO

清水の湧水と清水岩屋公園へは、鹿児島空港から九州自動車道経由で、指宿有料道路（スカイライン）に入る。川辺 IC を出て、２２５号線を南下してゆくと川辺やすらぎの里の手前を右に入る。川辺 IC からは１０～１５分程度の距離。現地の表示には「清水岩屋公園」ではなく単に「岩屋公園」と表示されているので注意されたい。「清水の湧水」では、ほとんどのカーナビでは探索できないようだ。下記の電話番号入力が最適。　鹿児島県南九州市川辺町清水 3882　　電話：0993-56-5465

南九州　名水探訪旅行PLAN

この章では、霧島連峰西山麓の**丸池湧水**と東山麓の**出の山湧水**、九州山地大森岳山麓の**綾川湧水群**、そして薩摩半島 シラス台地の **清水の湧水**の４箇所をご紹介させていただいた。往路朝便・帰路夜便で、鹿児島空港からレンタカーを利用すれば、一泊二日の旅程でも周遊可能である。

とはいえ、時間的に余裕を持たせて、名所をいくつか観ておくのなら、**丸池湧水**と**清水の湧水（岩屋公園）**に絞るのがいいと思う（蛍の季節なら夕刻から**出の山公園**を追加）。

一泊二日で無理のない旅程としては、第一日目に丸池湧水とえびの高原などを散策して、霧島温泉郷に宿泊。第二日目には清水の湧水（岩屋公園）と知覧あるいは池田湖というのがお薦めのコースである。むろん、２泊３日なら、４箇所の名水百選といくつかの名所をゆっくりと観光できる。勇壮な桜島をフェリーの船上から眺めるのもいいと思う（写真下）。

第二章　九州の名水

その二

肥前・筑前・筑後

（長崎県・佐賀県・福岡県）

長崎県	雲仙岳山麓	島原湧水群
〃	多良岳山麓	轟渓流
佐賀県	黒髪山系	竜門の清水
〃	小城市	清水川
福岡市	東区香椎	不老水
福岡県	浮羽町	清水湧水

島原湧水群（しまばらゆうすいぐん）

長崎県島原市　　　　　　　　　　　　　　　　名水百選

浜の川湧水：島原で特筆すべきは、この湧水であろう。町の中心部から少し離れた集落の中にある名水で、筆者が訪れた時には、降りしきる雨にも濁ることなく石盤に溢れていた。すぐそばにある湧出源は直径２mほどのステンレスの蓋でガードされている。湧き出る水は共同の洗い場である石の水盤に誘導される。野菜洗い、食器のすすぎ、洗濯など四つの区画に分別されており、生活用水としての歴史が窺える。

飲用の取水口は、洗い場と反対側にあり、湧水源から直接汲み取ることができる（写真右上）。柔らかな良い水で、お茶や料理に好適と思われる（駐車スペースは全くないので、霊丘神社、またはホテル南風楼に駐車し徒歩数分）。

武家屋敷街：島原城の側の緩やかな坂の上にあり、地道の中心に湧水が流れる石づくりの水路がある風景。朝夕の散策には非常に爽やかな道で、武家屋敷での見学や休憩は無料（直近に無料駐車有）。

四明荘：敷地内の湧水を利用した水屋敷（住宅庭園）

規模は240坪で小規模だが、池を観る創意工夫がなされている。角を引き回した座敷はなかなかのもので、縁側の下まで池を配し、鯉を遊ばせているところなどは、京都三条の並河靖之（日本を代表する七宝家）の屋敷と共通する趣がある。京都との最大の違いは、湧水の池であることと、入館無料で、持主のご婦人（写真下右）が煎茶の接待までしてくれるというところ・・・

しまばら湧水館：元は個人の屋敷で、大正末期から昭和初期の建築と思われる。さほど豪華ではないが、落ち着いた居心地のいい空間で、散策途中に無料の休憩所として利用できる。

また、ここでは島原伝統の寒晒し（かんざらし：小ぶりの白玉）の手作り体験ができ、その場で食することができる。白玉を冷水とハチミツに浸した単純なものだが、開放的な和の空間で食べると大いにくつろぐ事ができる。一般的な白玉と違って小粒なので食感もよく、会話などをしながら食べるには好適。

食楽 MEMO　島原

多比良ガネ：ガザミと呼ばれるワタリガニ。多比良港沖で捕獲されるのでこの名で呼ばれる。ゆでるか、蒸して食べるのが一般的。味は極めて芳醇、美味秀逸である。北海道の毛蟹が東の横綱なら、多比良ガネは西の横綱。雲仙の伏流水が流れ込んだ最高の汽水域で育った特別なワタリガニで、臭みなどは全くない（汽水とは、淡水と海水が混在した状態）。

ガネたき

小ぶりのトラフグを醤油、酒、みりん、そして梅干とニンニクの葉を加えてしっかりと煮込んだものが伝統的。「てっさ」や「てっちり」とは異なり、ご飯のおかずに最適。

立寄り MEMO　雲仙

雲仙は霧島と共に日本最初の国立公園に指定された風光明媚な火山地帯。島原半島中央部に最高峰の平成新山（1,483m）、普賢岳、国見岳などが聳え立つ。普賢岳の噴火で生まれた平成新山は、長崎県の最高峰であり、若い生命力溢れる山である。

雲仙山塊の中腹にある雲仙温泉は、良質の硫黄泉に恵まれ、噴気帯である雲仙地獄周辺に発展した温泉保養地。明治以降は、欧米人のリゾート地として繁栄した。昭和初期に本格的な洋式の高原ホテルとして誕生したのが**雲仙観光ホテル**である。このホテルは、日本を代表する高原リゾートホテルの一つで、そのホスピタリティーの質では他の追随を許さない。建物、スタッフ、料理すべてが秀逸で、快適な空間。古き良き時代の避暑地の滞在を実感できる高原ホテルである。気軽にランチに立ち寄って、雰囲気抜群のダイニングルームで名物のカレーなどを賞味するのも楽しい。

轟渓流（とどろきけいりゅう）

長崎県諫早市高来町（いさはやしたかきちょう）　　　　名水百選

有明海を挟んで雲仙岳と対峙する多良岳山系を水源とする渓流で、大小30の滝のある美しい渓谷となっている。南東の山麓斜面にあるため、陽光溢れる森に包まれている（水源の森百選）。

多良岳（たらだけ：標高 996 m）は、西国三大修験場の一つとして開山された信仰の山。切り立った岩肌と森の景観がすばらしい。

現在は、森林浴や川遊びの場として一般の客も多く訪れる。

轟渓流の水量は1日約6千トンとされている。下流では、水田地帯を通る境川となって有明海に注ぐ。灌漑用水や生活用水の水源になっている。

水質は軟水で水温は1年を通して14℃の爽やかな水である。

水汲み場は、轟の滝の手前の道路脇にあり、崖の側面から湧水が溢れ出ている。多くの人々がポリタンク持参で水汲みに訪れる。

アクセス MEMO

長崎空港からは、諫早経由で1時間余りの距離。佐賀方面からは、国道 207 号線で南下し、鹿島バイパスから多良岳オレンジ海道を走ると轟渓流の表示がある。島原・雲仙方面からは、国道 251 号線から諫早湾堤防道路で有明海を渡り、国道 207 号線経由で。136 号線を登る。道路状況は良好。

寄り道MEMO　諫早　眼鏡橋（めがねばし）

長崎空港から島原へと向かう途中に通るのが諫早市。観光客のほとんどは、この町に立ち寄ることはない。しかし、ここには素晴らしい歴史遺産がある。諫早市役所のすぐ前にある眼鏡橋がそれである。

元々、諫早を流れる本明川は、水害が多く橋はその度に流された。そこで、江戸末期（1839 年）に、大水害にも流されない頑丈な橋として造築されたのがこの眼鏡橋である。以来、人々に賞賛されたこの橋は、昭和 32 年の諫早大水害の際に、その頑丈さが悲劇を招く。漂流物が詰まって水を堰止め、濁流が大洪水となって、死者五百人を超える惨事となった。このため河川幅の拡大が決定され、爆破計画も提案された。

しかし、市民の願いと当時の市長の英断により、現在の場所で往年の勇姿を残している。国の重要文化財、石橋部門第一号。

長崎県　名水探訪旅行 PLAN

長崎空港を起点にしたレンタカーでの旅なら、一泊二日の旅程で**島原湧水群**と**龍門の清水**の二つの名水を巡るのがいいと思う。まずは、長崎空港から諫早経由で国道５７号線そして国道２５１号線で島原へ。いくつかの湧水スポットを訪ねてから宿舎へ。島原での宿泊は、ホテル南風楼の朝食付きプランがよかろう。夕食はホテル内の和食処である「西海」で、島原料理をアラカルトで注文するのがいい。多比良ガネやガネたきは是非とも賞味したいものだ。

翌朝は、国道５７号線を雲仙経由で景観を楽しみながら２５１号線に入り、諫早湾干拓堤防道路で有明海を渡って轟渓流を訪れる。好天であれば前方には多良岳が、後ろには雲仙岳の雄大な景観を眺望できる。二泊三日の旅程なら、雲仙温泉に一泊するなど、さらに充実した旅程を組むこともできよう。

黒髪山　竜門の清水（りゅうもんのせいすい）

佐賀県西松浦郡有田町広瀬山　　　名水百選

黒髪山（くろかみざん）系からの湧水で、県立自然公園、自然休養林に指定され、水質保全活動が行なわれている。黒髪山は山岳信仰の霊場でもあり、源為朝の黒髪山の大蛇退治、空海が修行を積んだ地と伝えられており、川沿いに登山道が整備されている。途中までは遊歩道で、湧水の水飲み場もあり、名水が味わえる。

竜門ダムの上流は「龍門峡」と呼ばれ、原生林（水源の森百選）と奇岩の間をぬって流れる清水で、広瀬川となって陶磁器で知られる有田に流れ下る。ダム湖を一周できる一方通行の車道が整備されており、道沿いに水汲み場があって、車で取水に訪れる人も多いようだ。

清水川（きよみずがわ）

佐賀県小城市小城町清水（おぎしおぎまちきよみず）　　　名水百選

清水川の源流部は天山県立自然公園区域で、観光スポットである清水の

滝の沢と合流し、そこから田園地帯を南下し祇園川に合流、さらに一級河川嘉瀬川となって有明海北端に注ぐ。

清水の滝（きよみのたき）は「珠簾（たますだれ）の滝」と呼ばれる落差 75m の美しい滝。滝の水は清水川へ流れる。

滝つぼを見下ろす側面の崖の上には清水観音宝地院が建立され滝行の霊場となっており、鍋島藩士の滝ゴリの話でも有名。

この周辺は数十万匹のゲンジボタル生息地としてもその名が知られている。

食楽 MEMO

清水の滝付近には鯉料理店が立ち並んでおり、鯉の洗いや鯉こくが楽しめる。鯉の肉には、新しい肝細胞を増殖する作用があり、「むくみ」を解消する効果が著しいとされる。また、胃炎や胃潰瘍の抑制効果もあるので美味な上に優れた健康食である。清水の滝周辺での筆者のお薦めの店は、料理屋街のはずれにある**鯉料理の白滝。**料理の質・量そして接客姿勢も抜群である。 0952-73-3323

立寄りMEMO　武雄（たけお）

竜門の清水や清水川といった佐賀の名水を訪れる際には、立ち寄りたい場所が多い。その一つが**御船山**（みふねやま）**楽園**。神功皇后（じんぐうこうごう）が御船を繋いだという武雄のシンボル御船山。その断崖を借景に、3年の歳月をかけて完成させた15万坪の壮大な池泉回遊式庭園。春のツツジ、秋の紅葉の時期は和の美の極致。

川古のクス（天然記念物）

高雄の街から10分ほど離れたところに川古の楠（くすのき）が雄大な生命力を示している。根周りは実に33m、幹周り21mという大楠。樹齢は3000年と推定されている。

佐賀県　名水探訪旅行PLAN

佐賀県の名水を訪れるには、長崎空港を起点にし、レンタカーを調達して嬉野温泉あるいは武雄温泉に一泊するのが穏当な旅程。嬉野泊なら和楽園（0954－43－3181）武雄泊なら御船山観光ホテル（0954－23－3131）が良いと思う。清水川へのアクセスは、カーナビに直近の料理店の電話番号（0952-73-3323）を入力するのが便利。竜門の清水へのアクセスは佐賀県西松浦郡有田町広瀬山で住所入力をすればいい。余裕があれば、**有田焼ポーセリンパーク**等に立ち寄るのも一興。

不老水（ふろうすい）

福岡県福岡市東区香椎　香椎宮（かしいぐう）境外　　　名水百選

朝廷に奉献せられてきた柔らかな由緒ある名水。病を祓い、寿命を延ばす霊力があると伝えられる。

「御飯の水」とも言われ、仲哀天皇、神功皇后がこの地に住居を構えた時、お供の武内宿祢公が、朝夕汲んで献上する御飯を調え、自らもこの水愛用して三百歳の長寿を得たという逸話がある。

周辺の住宅化等によって、現在は水量が乏しくなってはいるが、少しずつ湧き出る霊水に願いを込めて水を汲みに訪れる人々が絶えない。（解錠は、午前 10 時から午後 3 時まで）

アクセス MEMO

カーナビ目的地を香椎宮 092 - 681 - 1001 に設定。香椎宮参道の並木はすばらしい。また境内も開放的で安らぐ空間である。香椎宮の駐車場から徒歩で約 10 分。

清水湧水（きよみずゆうすい）

福岡県うきは市浮羽町山北 1941（清水寺境内）　　　　名水百選

1249 年に諸国巡歴で立ち寄った僧が、耳納山（みのうさん）麓の林の中で湧水を発見し、その清澄さから、清水寺を開いたとされ、霊水と崇められている。水量は 1 日 700 トン、PH は 7.8。なお、浮羽町は飲料水の全てを地下水で賄う全国でも稀有な町である。

癖がなくまろやかな湧水で、水汲みに訪れる人が絶えない。地元では、お茶の味と香りを最高に引き出す水と評されている。

清水寺境内とはいえ、この名水はのどかな農村地帯にある開放的で大らかな場所。お寺は夕方でも山門を閉ざすようなこともなく、やさしい自然に抱かれた安らぎを感じる空間となっている。

清水寺の門前は、小規模ではあるが、名水を引着込んだ親水公園になっていて、近所の小学生三人が遊びに来ていた。

明るく人懐っこいが、言葉遣いも礼儀も正しい少年達で、まるでお地蔵さんのようないい笑顔。しばしの間一緒にカニ探しをした。筆者が先に帰ることになったが、「また遊びに来てください」ときちんとお辞儀までして車が離れてゆくまで見送ってくれた。浮羽町の少年たちの朗らかさは、一番の旅の思い出となった。

アクセスMEMO

カーナビの目的地に清水寺の電話番号（0943-77-2265）を入力すれば便利。大分自動車道杷木ICから県道52号線経由で約15分、福岡空港からは1時間程度。

NOTE　浮羽市と柿

浮羽市は、ほぼ年間をつうじてフルーツが収穫できる地域。フルーツ狩りのできる農園も多い。いちご：1月～5月上旬、桃：7月～8月上旬、ブルーベリー：7月上旬～8月下旬、梨：8月～10月下旬、ぶどう：8月～9月下旬、柿：10月～12月上旬と、通常のフルーツは年中身近にあるという実り豊かな地で、実に「よかとこ」なのである。

中でも、うきはの柿は、程よい甘さで果肉の柔らかな富有柿が主で、色・糖度ともに優れている。耳納山麓の特産物として知られている。(富有柿の生産は第一位が奈良県、二位が福岡県で、発祥の地の岐阜県は第3位)。

写真：http://welcome-ukiha.jp による

この富有柿の風味をそのまま菓子にした「富有柿太郎」も 市内の菓子店で販売されている。さらに、福岡県立朝倉光陽高校の商品開発部に所属する6人の生徒たちが考案した、「ふり柿たろうも」を商品化されている。

柿の効能

昔から、「柿が赤くなれば、医者が青くなる」と言われるほど滋養に富む果実として柿は重宝されてきた。風邪予防・ガン予防・二日酔い防止・むくみ解消・高血圧予防・便秘解消などに効果が認められる。 重要な含有成分としては、タンニン、ペクチン、カリウム（血圧降下促進)、βカロティン（細胞の酸化防止)、ビタミンA・C（疲労回復、かぜ予防、ガン予防、老化防止)。

また、柿の葉もビタミンCをみかんの30倍も含有しており、昔から柿の葉寿司や柿の葉茶として摂取されてきた。その知恵には、脱帽の思いである。

第三章　九州の名水

その三

肥後・豊前・豊後
（熊本県・大分県）

宇土		轟水源
阿蘇外輪山	西北山麓	菊池水源
阿蘇中央五岳	南山麓	白川水源
阿蘇外輪山	北山麓	池山水源
阿蘇外輪山	南山麓	南阿蘇湧水群
くじゅう連山黒岳	北山麓	男池水源
阿蘇山系	東山麓	竹田湧水群
豊後大野市		白山川

轟水源（とどろきすいげん）

熊本県宇土市（うとし）　名水百選

天草街道の入口、島原湾の西岸にある農村地帯に拓けた宇土。轟水源は江戸時代に、ここを水源として市街地まで 4.8ｋｍの上水道が作られたという歴史的な実用水源である。300 年以上を経過した現在も使用されており、現存する日本最古の上水道といわれている。清冽甘味な湧水で、湧水量は一日約 3000 トン。

轟水源の背後の杜は、立派な塀で囲まれており、いかにこの水源が大切にされてきたかということを象徴している。また、その周囲は轟泉自然公園で、憩いと安らぎを与えるのどかで清楚な空間となっている。

アクセスMEMO

熊本市内から、国道3号線で約20km、カーナビの目的地を西岡神宮に設定。

（宇土市神馬町　0964-22-1824）

西岡神宮付近に案内板が出ている。

立ち寄りMEMO　ウド半島御輿来海岸

有明海は満潮・干潮の差が大きく、最大で6mに及ぶ。そのため、干潮時には横5km，縦2kmの砂干潟が現れ，風と波による美しい造形模様が現れる。とりわけ宇土半島の北側、御輿来海岸（おこしきかいがん）は島原半島の雲仙普賢岳を望める西北海岸で夕日の景観が有名。

（写真右：日本の森・滝・渚 全国協議会 http://www.mori-taki-nagisa.jp による）

食楽MEMO　熊本

熊本の繁華街は不夜城のように賑わう。飲食店も数限りなくある。よく知られた馬刺しや辛子蓮根、オコゼや車海老など食楽には事欠かない、九州を代表する食楽の町である。その中で、筆者のお薦めは**ガラカブ**である。

ガラカブとはカサゴの別名。カサゴは一般に赤色を連想しがちだが、天草で採れた黒カサゴが逸品。その姿形とは違って身は上品で食感がすばらしい。オコゼとも似てはいるが、より歯ごたえがある。造り、塩焼き、唐揚げ、酒蒸しなど、すべて美味しい。

美食宮地：096-322-9895

馬刺し寿司

馬刺しは一般的にも人気があるが、赤身（ロース等）と一緒にコウネ（タテガミ部分の身で馬肉独特の部位）を合わせて食べるのが熊本ならではの贅沢といえよう。

写真：藤乃井（ふじのい）　096 - 355 - 7515

NOTE　馬肉・桜肉

牛・豚などより、低カロリー、低脂肪、低コレステロール、低飽和脂肪酸、高たんぱく質。約20種類のアミノ酸を含蓄している。ミネラルも豊富で、カルシウムは牛肉や豚肉の3倍。鉄分は、ほうれん草・ひじきより多く、豚肉の4倍・鶏肉の10倍。ビタミン類も牛肉を凌駕し、ビタミンB12は牛肉の6倍、ビタミンB1も牛肉の4倍、ビタミンAやビタミンEも多い。さらに、牛肉の3倍以上のグリコーゲンを含んでいる。赤身部分が空気に触れると桜色となることや、馬肉の切り身がサクラの花びらを想像させることから、サクラ肉（桜肉）という俗称がある。

菊池水源(きくちすいげん・きくちけいこく)

熊本県菊池市大字原字深葉　　　　　　名水百選

日本の渓流美の真髄

「雲は山を巡(めぐ)り、霧は谷を閉(と)ざし、昼なお闇(くら)き杉の並木(なみき)、羊腸(ようちょう)の小径(しょうけい)は苔(こけ)滑(なめ)らか」注)という、まさしく和魂(わこん)の甦(よみがえ)る渓流美の真髄の場所といえる。

理想的な水源の森からは、1日10万ンの湧水と伏流水が流れ出す。

注）鳥居忱作詞・滝廉太郎作曲の「箱根八里」

菊池渓谷は、阿蘇外輪山の北西山麓に広がる天然の広葉樹林と整備された人工林が程よく調和した森林地帯に位置している。阿蘇くじゅう国立公園の特別保護地区として、また２１の市町村の水源地として厳重に維持されている。この渓谷一帯では観光開発等はできないため、すばらしい自然空間が残存している。渓流沿いの遊歩道を歩くだけで心身が蘇生される。

あちこちの岩間からは、伏流水が湧き出し、清冽な渓流となっている。木漏れ日が滝を包む霧を照らし、そよぐ涼風が心身に染み入る。

湧水は、四季を通じて水温 14℃。取水に適した水汲み場は設置されていないが、竜ヶ淵の橋の脇に取水場がある（写真右）。

アクセスMEMO

菊池水源への道として、筆者は九州自動車道の菊水インター（福岡空港から約１時間半）から、県道１６号線で山鹿（やまが）経由の道をお薦めする。山鹿は小さな町だが、歌舞伎の公演が活発に行われる「八千代座」という情緒豊かな劇場がある。さらに、再生された「さくら湯」は、道後温泉に勝るとも劣らない湯殿建築美（写真上）で、その静かな佇まいはなかなかのものである。この二つの建物は一見の価値がある。

山鹿から先は、国道３２５号を東に進む。のどかな農業地区の道を走るのだが、メロンドームに立ち寄ってみるのも楽しい。地域の農産物が豊富に集荷されているが、とくにかぼちゃの種類の豊富さには驚く。

さて、その先の菊池温泉を過ぎると緑の林に包まれた道となる。さらに県道４５号線に入ると、菊池川上流沿いの美しい景色に包まれる。なだらかな坂道を登って行くと菊池渓流の入口にある駐車場に到着する。

食楽MEMO　七城（しちじょう）メロン

静岡産のマスクメロンは、一般には手の届かない一玉5000円以上という非常に高価な代物である。しかし、それに近い味と芳香をもつ熊本産のアールスメロンは、価格も穏当でおいしい。降り注ぐ太陽と、菊池川の清流を満身に受けて大らかに育ったメロンは抜群。

その一つが菊池市七城町（しちじょうまち）の七城メロン。形は楕円型であるが、網目はマスクメロンと遜色のない立体感がある。京都府の琴引メロンと並ぶ逸品である。菊池水源に向かう途中のメロンドームで試食の上で購入できる。

アールス系のメロンはカリウムが豊富で体内の塩分を調整する機能があるとともに、パントテン酸によってコレステロールや脂肪の蓄積を抑止する効果があるとされている。

七城メロン：値札は、最上級2個の小売価格：2014年7月

白川水源（しらかわすいげん）

熊本県南阿蘇郡南阿蘇村　白川吉見神社境内　　　　名水百選

阿蘇中央山塊の伏流水が毎分 60 トンの清水を湧出する。水温 14℃のとても柔和な美味しい泉で、九州一の名水と言っても良かろう。とくに、夏場にこの水で作った氷を入れて飲むと、その美味しさと喉越しは秀逸。千年以上昔から、人々の喉を潤し、田畑に実りを与えきた恵みの水である。

透明度は抜群のすばらしい名水（写真上）。水飲み場や水汲み場は清潔に整備されており、気軽に本邦屈指の名水に親しむことができる。水は好きなだけ自由に持ち帰ることができる上、取水用のペットボトルも販売されているので、多くの人がここで名水の魅力に目覚めるようだ。

白川吉見神社の境内は、阿蘇南麓の優しさに包まれたおおらかな空間で、明るい杜に抱かれた小川には飛び石が配され、涼感の中でしばしの散策を手近に楽しむことができる。

決して眼をみはるような力強さではなく、母の愛のように倦まず弛まず訪れる人々の気持ちを和ませてくれる。白川吉見神社の湧水は、まさしく慈しみの泉であるように思う。

そしてさらに、この湧水には、若々しい創造の力も期待できる。今なお噴煙を上げ続ける活火山、阿蘇中央山塊のエネルギーが溶け込んだ伏流水なのだから。

湯楽・食楽MEMO　阿蘇　地獄温泉

阿蘇中央山塊の南を走る３２５号線をゆくと山の森から白い湯煙が見える。これが、阿蘇五岳の一つである烏帽子岳（えぼしだけ：標高 1337m）の南西山麓に自噴する天下の名湯「地獄温泉」である。なだらかな山の斜面の林道を登ってゆくと、大きな滝の直近に垂玉温泉がある。そして、さらにその奥の明るい林の中に「清風荘」という旅館一軒が静かに佇む湯治場、それが地獄温泉である。

この地獄温泉は、九州の硫黄泉系統では、霧島や雲仙をも凌駕しうる温泉で、八甲田山の酸ヶ湯と比肩する名湯中の名湯。

地獄温泉の元湯である「すずめの湯」の湯槽は、底の砂地から絶え間なく温泉が湧き出している。（写真下）日帰り入浴も可能なので立ち寄られることをお薦めする。

また、清風荘の囲炉裏料理は野趣あふれる豪華版。阿蘇牛、うずら、ヤマメ、鴨、そして野菜、豆腐、こんにゃくと盛りだくさんの内容で、価格もリーズナブル。

地獄温泉　清風荘　0967-67-0005

NOTE　阿蘇（あそ）

活火山の中岳（なかだけ 1506m）を中心とした世界有数のカルデラで、日本を代表するジオパーク。

まさしく巨大噴火による天地創造の迫力を体感できる異次元空間である。力強い火山エネルギーによって創造された景観は変化に富み、訪れる人々は大自然の力と造形美に感動を覚える。

しかも、古くから国立公園として整備・保護されてきており、活火山の頂上火口に至るまで、道路が完璧に整備されているという、世界でも例を見ないすばらしい火山公園エリアである。

豊かな森林から湧水が溢れ、美しい渓谷の岩間を澄んだ水が流れる。中央火口丘の山麓は、広大な草原で牛がのどかに草をはみ、低地の平原には見渡す限り農地が広がる。

多種多様な温泉が疲れを癒し、新鮮で豊かな食物が命を育む。この地域は「火の国」のシンボルであり、「木・火・土・金・水」という万物の根源のすべてが揃う空間である。

立寄りMEMO

すずめ地獄　：黒川温泉を流れる川の上流に遊歩道が整備された「**清流の森**」があって、すがすがしい散策を楽しめる。その中の「すずめ地獄」は、珍しい不思議な風景である。亜硫酸ガス（二酸化硫黄）とともに噴出する冷泉で、すずめなどの小動物の死骸が見られることから、その名が付けられたという。

亜硫酸ガスは呼吸器の障害を引き起こす毒性をもつが、抗菌作用もあるため、食品添加物としてワインやドライフルーツの保存料、酸化防止剤などに使われる。また、脱色作用があるため、漂白剤としても用いられる。そのため、写真にみるように水辺の石が白くなっている。

黒川温泉：最近人気のある温泉地である。その中で、温泉街から離れた黒川の最上流にあって、清流に面した離れ家が特徴の落ち着いた佇まいの宿がある。帆山亭という宿で、自然と融和した広々とした庭園の中に、豊富な温泉と湧水が溢れ、清流のせせらぎが涼感を誘う。

値段は高めの設定であるが、行き届いた食事と宿泊を楽しむことができる。オフシーズンの平日にネットでお値打ち価格を利用するのがいい。

女将さんの柔和な人柄や、スタッフの接客も行き届いている。　　　　帆山亭：0967-44-0059

池山水源（いけやますいげん）

熊本県阿蘇群産山村田尻（うぶやまむらたじり）

名水百選瀬の本高原にある池山水源は、周囲を樹齢二百年に達する杉などの林に囲まれている。

美しい池は、満々と湧水をたたえ、堰をこえて清流になる。神秘的な雰囲気の静かで安らぐ空間である。

恒温 13.5℃で、涼感に富むスッキリとしたキレのある湧水だが、筆者には、僅かながら柔らかさを欠くように思えた。環境省の名水百選のサイトでは、中硬水とされているのも頷ける。

NOTE　イワナ

池山水源の入口には、豊かな湧水を利用してイワナの養殖が行われており、その場で賞味できる。イワナは水温 15 度以下の清流を好み、水温 18 度を超えると棲息できないという最上流で育つ高貴な魚。いわば汚れなき清流の貴婦人ともいうべき魚である。新鮮なイワナは、生臭さや泥臭さは全くなく淡麗美味であるため、川魚の中ではとくに希少価値が高い。九州では川魚といえばアユやヤマメが圧倒的で、イワナは珍しい。

アクセス MEEMO

池山水源へはアクセスは、カーナビに下記の電話番号入力が簡便。

池山名水苑イワナの釣り堀　0967-25-2201

男池湧水群（おいけゆうすいぐん）

大分県由布市庄内町阿蘇野（ゆふししょうないちょうあその）　名水百選

男池は、くじゅう連山の北東端に聳える黒岳（1587m：写真右）の北側山麓に広がる原生林の中、海抜約680mにある。（注：環境省のサイトでは、850mとされているが、筆者の計測では約680m）

この周辺は、阿蘇中央山塊を望む久住高原とは景観や趣を異にする地域である。阿蘇のような陽気溢れる開放的空間ではなく、陰の気に包まれた静寂な場所である。

遊歩道が整備されており、阿蘇で高揚した気を鎮めるには絶好の散策空間である。また男池の美しい青色の湧水口は目を楽しませる。阿蘇野川の源流で、大分川に流れ込む。湧出量は一日約2万トン。水質は炭酸水素カルシウム型で、水温は恒温12.6℃で清涼感のある水だが、若干まろやかさに欠けるように思われる。

アクセスMEMO

阿蘇と別府を結ぶ景観抜群のやまなみハイウェイを阿蘇から北（湯布院方面）に走って飯田高原ドライブインの信号を右折、県道621号線を東に約10キロ進むと男池湧水群に着く。少し先の山中には「名水の滝」があり涼感に富む。

熊本県道 28 号線沿いの名水

古代の水：阿蘇郡南阿蘇村

070967-67-3010

よく整備された観光施設「あそ望の郷くぎの」の敷地内にある。岩場から勢いよく清水が湧出している（毎分２トン）。

この水は、飲用好適な上、車を横付けできる便利さもあって、大量に取水して持ち帰る人も多い。周辺には湧水地が散在する他、縄文時代から中世に至る遺跡があるため、県史跡に指定されている。阿蘇中央山塊の全容が見渡せる位置で、阿蘇南麓の明るい景観はすばらしい。

高森湧水トンネル公園：

阿蘇郡高森町　　0967-62-3331

1970 年代に、鉄道工事として切削されたトンネルから毎分 36 トンもの大量の地下水が湧出し、高森町内の湧水 8 箇所が枯渇するという事態を引き起こした。そのため、鉄道建設計画は頓挫。平成 6 年から坑道 550m が一般公開され、トンネルの外は親水公園になっている。駐車場付近には水汲み場も設置されている。

NOTE　高千穂峡谷

宮崎県の高千穂町にある五ヶ瀬川の峡谷で、古くから国の名勝と天然記念物に指定されている。また、祖母傾（そぼかたむき）国定公園の一部である。

阿蘇の火山活動で噴出した火砕流が、熔結凝灰岩となってできた柱状節理の絶壁が特徴。高さ80m～100mもの断崖が数キロも続く。その崖上に遊歩道が整備されており気軽に散策が出来る。貸しボートもあるが、河川増水等により利用できない日も多いのと、料金が高いのが難点。

峡谷の山の中腹のあちこちの岩間から、大量の湧水が流れ出している。この豊富な湧水は、地域の上水道源として、また、アマゴやチョウザメの養殖に活用されている。

アクセスMEMO

カーナビ目的地を高千穂峡観光協会0982-73-1213に設定。

白山川（はくさんがわ）

大分県豊後大野市三重町（ぶんごおおの）　名水百選

祖母傾国定公園（そぼかたむきこくていこうえん）エリアの豊後大野市を流れる大野川水系の２つの川、中津無礼川と奥畑川の流域全体が白山川と呼ばれる清流域である。溶結凝灰岩（大量の火山灰が再融・圧密した岩石）で形成された川床で、奇岩に富んだ景観や岩間から湧出する地下水などが見所。

流域にある**稲積水中鍾乳洞**（写真下）も必見であろう。中津無礼川の水が、鍾乳洞の上流の白谷の河床で浸透し、地下水となって洞内で湧出しているのである。

水深 40mを超える深渕の奥は、現在も研究機関が探検調査中。

立ち寄りMEMO　奥岳川（おくだけがわ）

豊後大野市緒方町の大野川水系の源流部で、九州屈指の清流。九州第二の高峰である祖母山（そぼさん 1756m）登山口付近（県道7号線沿い）の川上渓谷は、とりわけ美しい流水域となっている。その冴えた青さと透明感には、目を奪われる。原生林に覆われた白い岩の谷間を流れる風景は、自然の造形美の極致で、格別の日本の美といえよう。

アクセスMEMO

大分県南西部、宮崎県との県境近くの山岳地帯のためアクセスは少々不便。竹田からは近いが、どの方面からもカーナビに稲積水中鍾乳洞（0974-26-2468）を目的地設定すればいい。その周辺が白山川である。

高千穂峡と大野を結ぶ県道7号線は、秘境という雰囲気で景観的にはすばらしいが、林道並みの狭い山岳道のため十分な時間的余裕が必要。

竹田湧水群（たけだゆうすいぐん）

大分県竹田市大字入田　　名水百選

大分県の南西部、くじゅう連山、阿蘇外輪山などに囲まれた竹田市街地の近くにある湧水群。大野川水系の緒方川上流や玉来川の流域に点在し、地下水が岩の亀裂を伝わって湧き出している。

とりわけ河宇田湧水は水量豊富で、連日水汲み客で賑わう。軟水で水温は16度で、日量6～7万トン。

（写真中段：泉水湧水水源　下段：河宇田湧水）

立寄り MEMO

竹田の町は、稀代の作曲家である滝廉太郎ゆかりの地。土井晩翠作詞・瀧廉太郎作曲の唱歌「荒城の月」は岡城（日本の城百選）に因む名曲である。哀切をおびたメロディーと歌詞が特徴。竹田の名水を訪れる際には、滝廉太郎記念館と丘城跡も訪れたい。

滝廉太郎

http://upload.wikimedia

唱歌　荒城の月

参考地図　九州の名水百選

環境省の名水百選のサイト https://www2.env.go.jp による

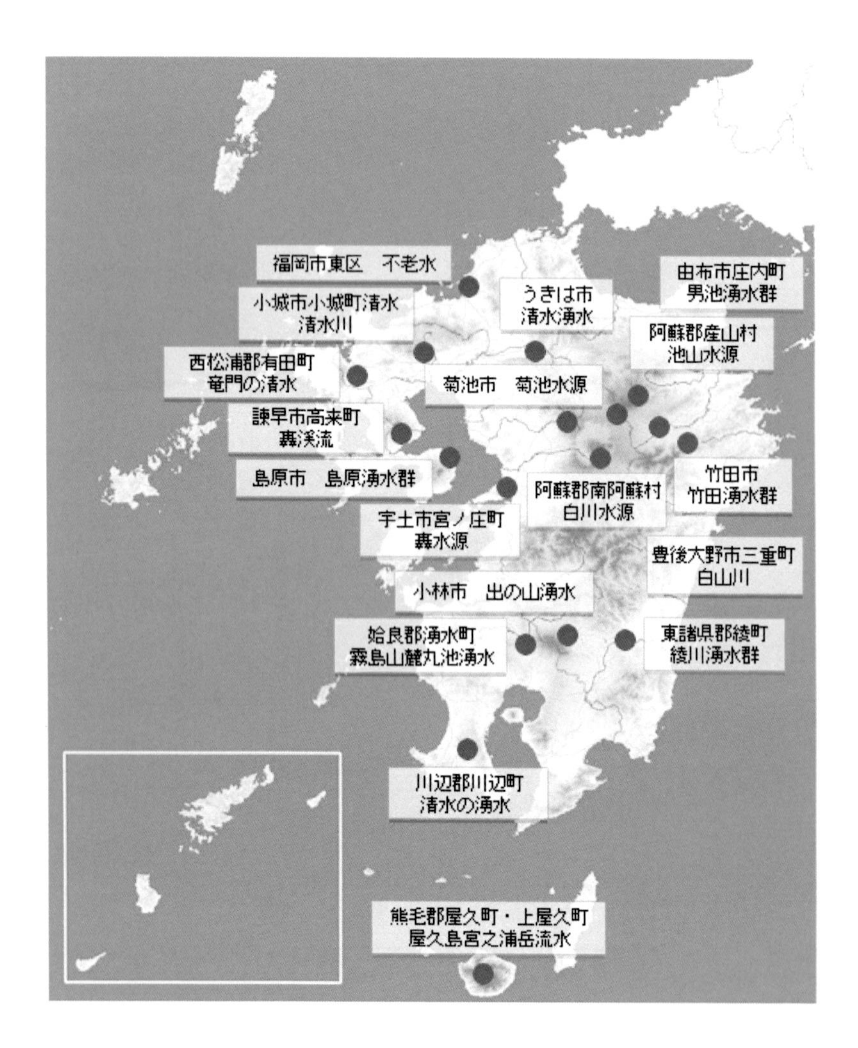

第四章　四国の名水

その一

愛媛県（伊予）

西予市	観音水
松山市	杖の淵
西条市	うちぬき

観音水（かんのんすい）

愛媛県西予市明間（えひめけんせいよし）　　　名水百選

観音水は、四国カルストの鍾乳洞から直接溢れ出る湧水である。カリマタ山（標高 700m）の中腹（標高 315m）にある洞窟から湧出している。きわめて良好な水質で、弱アルカリ性（PH8.0）、水温 14 度C。涼感あふれる美味しい水で、古くから村人たちに霊水として崇められてきた。

水量は1日 8000 トンにも及ぶ豊富な湧水であり、洞窟のすぐ下から勢いよく流れる渓流となっている。

洞窟までは、美しい渓流沿いに整備された遊歩道を登ってゆく。晴天であれば、木漏れ日の優しい陽光の中を、涼風と水音に包まれた散策となる。その爽快感は格別である。渓流美を楽しみながら、ゆっくり登って行くと 10 分程度で洞窟（湧出口）に到着する。

洞窟の内部には、極めて透明度の高い清水に満ちている。とはいえ、洞窟の内部は暗いため自然光ではよく見えない。懐中電灯を用意しておけば、その神秘的な様子を堪能できる。

（写真は、洞窟の入り口の直近からストロボライトを用いて撮影）

NOTE　観音水と肱川（ひじかわ）

観音水の周辺一帯は四国カルスト地域の一部で、ジオパークに選定されている。その鍾乳洞からの湧出するカルスト湧泉が観音水で、ジオサイトの一つになっている。愛媛県最大の川である肱川の源流がこの観音水で、宇和川となって南に流れて宇和盆地を大きく迂回してから北に方向を転じる。そして大洲盆地を経て伊予灘に注ぐ延長 103km の一級河川。水量・支流が多いうえ、山に囲まれた独特の地形で緩急の変化に富む景観。

食楽MEMO　素朴なそうめん流し

観音水の湧出口である洞窟への遊歩道の入口に、「そうめん流し」の店がある。ネギと玉葱、そしてショウガだけのシンプルな素麺だが、渓流がもたらす涼感と相まって美味しくて値段も安い。また、付近の農家の作物である、ズッキーニやナスの長さには驚く。野菜や果物は、ほとんどが水分。したがって、野菜の善し悪しには農業用水の質が大きな意味を持つ。

食楽MEMO　観音水周辺農家の小玉西瓜

初夏から夏にかけて観音水を訪れた際には、筆者が是非おすすめしたいのが、周辺農家で栽培された小玉西瓜。その成分の９割が実質的に名水である。酒が水の善し悪しを選ぶのと同様に、西瓜も育つ地域の水に風味が大きく左右される。蛍が乱舞するような渓流付近の畑や、湧水あふれる山麓の畑の作物には命を蘇生させる清き水の力が潜んでいる。

口当たりが柔らかで甘味さえ感じる鍾乳洞の名水を吸収して育ったスイカの風味は格別である。観音水周辺の農家の小玉西瓜を買い求めれば、大きさの割に重量感があることにまず気付くであろう。形はやや不揃いだが、それだけのびのびと育っていると解釈できる。また値段も大都市圏のスーパーなどの半値程度である。切ってみると、一見果肉の赤みが薄いようで、一瞬がっかりする気分になることもある。しかし、食べればわかる。実に瑞々しい西瓜であることが、一口で分かる。噛む前に水分が滴り落ちる感じで、歯触り、味ともに秀逸。表皮ぎりぎりの白い部分までおいしい。

NOTE　赤玉スイカの成分

スイカはアフリカのサバンナが原産である。日本では芸術品の域にまでに昇華している。スイカは、古くは漢方や民間療法でも、夏の暑さからくる熱を収め、利尿作用でむくみや解毒に役立つ食べ物とされてきた。

水分　：　水分の含有量（%）では、西瓜は果物類では第一位。
夏場には、桃や梨も水分が多いがスイカには及ばない。

リコピン　：動脈硬化やガンなどの原因となる活性酸素を抑制する。
含有量は、トマトの約 1.5 倍。

シトルリン：他の果実にはほとんど含まれないシトルリンを含有。
体内の老廃物や有害物質の排出を促進する。

イノシトール　：ビタミン B 群のイノシトールは、動脈硬化を防ぐ。

この他スイカにはビタミンやミネラルが多く含まれている。 但し、昔から言われるように、スイカと天ぷらを一緒に食べるとお腹をこわしやすいことにはご留意。

アクセスMEMO　観音水への道程

松山空港から観音水までは、車で２時間程度。空港から22号線経由で56号線に出て、伊予ICから松山自動車道に入り、宇和島方面へ向かう。山間のなだらかな上り坂や４つのトンネルを抜けると内子が見えてくる。ここまでは空港から約１時間。この先目的地まではパーキングエリアがないので、小休止するのもいい。

さらに進むと大洲市に入り、肱川のゆったりした流れやや潤い豊かな水田を背景に大洲富士が見える。そのまま道なりに宇和島道を進み西予宇和ICを出てすぐに２９号線を左折し川沿いをしばらく走れば大きな観音水の看板が見える。ここを右折して橋を渡り、狭い道を数分登ってゆくと観音水の駐車場につく。非常にわかりやすいので迷うことはない。

余　談

名水探訪の取材には広域の移動を頻繁に行った。当然交通費は嵩む。JRは料金が馬鹿高い。高速バスやLCC（格安航空会社）の普及は、本当に有難い。とくに関西空港ベースのピーチ航空は、大いに利用価値があった。関空－四国（松山）や関空－九州（長崎・鹿児島・福岡）などは、いずれも往復１万円未満と格安。

日によっては往復５千円をも切るという格安料金。ピーチの低価格はありがたい。

（写真：松山上空に広がる雲海と夕焼け）

寄り道MEMO　　内子

松山と西予の間には魅力的な町が幾つかある。伊予の小京都という大洲や内子などは立ち寄るには好適。伝統的な建物が並ぶ町並みや、地元で評判の商店などを覗いてみるのは楽しい。

また、こうした歴史ある小さな街の古い町家に宿をとるのも一興。大正時代から受け継がれてきた商家のご隠居の住まいを一軒丸ごと貸切使用できる内子の「こころ」0893-44-5735などは面白い。二階に設えの良い和室４室とトイレ、一階に座敷、中庭と湯殿がある広々とした空間。往時の旦那衆の生活が偲ばれる。

「湯葉もろみ」と、もろみの製造元の、気さくでにこやかなご主人。

杖の淵 (じょうのふち)

愛媛県松山市南高井町 1346−1　　名水百選

市内の中心部から車で約 **20** 分。のどかな農家が立ち並ぶ風景に囲まれ、美しく整備された杖の淵公園内で湧出する泉。弘法大師が杖を突き立てたところから湧出したという伝説から「杖ノ淵」と命名された。

筆者は、梅雨入りした翌日の午前中に訪れた。小雨にも拘らず、地域の常連さん達が、大量のペットボトルやポリタンクを台車に乗せて、次々に水を汲みに訪れていた。ここでの水汲みは維持会員に限定されている。味わうだけなら自由である。

杖の淵公園は非常によく整備されており静かで美しい親水公園である。

市内の喧騒を離れて、名水を味わいながら、ゆっくりと散策を楽しめる場所となっている。

鯉が泳ぎ、鴨が遊ぶ綺麗な池や、周囲の水田風景もいい。喫茶・軽食堂もあって、清潔で便利な空間。

写真右下は天然記念物のテイレギ。刺身のツマとして貴重な食材である。

アクセスMEMO

松山市中心部から３３号線（砥部道路）を南下し、松山自動車道松山IC付近の森松交差点で左前方の１９３号線に入り、300m程先の森本治療院を左折し193号線を東に約２ｋｍ直進すれば、公園の入口に到着する。門の前に無料駐車場がある。

うちぬき

愛媛県西条市（さいじょうし）　　名水百選

西日本の最高峰である、石鎚山（いしづちやま 1982m）。の豊かな森林に覆われた山塊から清涼な伏流水が大量に浸潤し、麓に広がる扇状地の西条市で湧出している。

これが「うちぬき」と呼ばれる自噴井で、市内のいたるところで天然水が楽しめる。

写真左：総合文化会館前のうちぬきの自噴水。非常に良く整備されており、直近に駐車場もあるため、ひっきりなしに人びとが水汲みに訪れている。

うちぬきは、清涼で豊富な自噴水であるため、古くから住民の飲用水、生活用水、農業用水などのあらゆる水源として利用されてきた。今も西条地域の中心部には水道施設はなく、全ての地域住民が地下水を飲用水や生活用水として利用しており、自噴井はいまなお 2,000 箇所に及ぶといわれている。

西条の地下水量は、約 3 億トンと推定測されている。水質は、毎年検査が実施され、全ての検査箇所で飲用に適合する安全で美味しい水であることが証明されている。「うちぬき」は、ミネラル成分のバランスがいい軟水で飲用水としての評価は高い。

「うちぬき」は、江戸時代中期に始まったと云われる。加茂川河口部付近にある嘉母神社には「うちぬき音頭」が残っている。

写真（上左）：嘉母神社（かもじんじゃ）の本殿。（上右）：手水場の「うちぬき」の自噴水。　歴史ある美味な名水の一つ。

NOTE　西条市の自噴泉「うちぬき」の仕組み

（西条市のホームページ http://www.city.saijo. による）

地下水の自噴は、難透水層に挟まれた帯水層の地下水が被圧し、その噴出エネルギーが地表面より高い場合に起こる現象。

西条平野では、これに加えて下流側も断層壁で遮断して一層被圧するため、全国でも稀な自噴地帯を形成している。

西条市は加茂川と中山川に挟まれ、水の郷百選にも選定されている。水源かん養力の高い豊富な森林資源に恵まれた石鎚山脈から流れ出る加茂川の上流域には美しい渓谷がある。国道194号線沿いに止呂峡（写真右）、県道12号線沿いには三碧峡がある。

寒風山トンネルの湧水

西条市から194号線で高知に突き抜ける寒風山トンネルに向かって止呂峡沿いに登坂し、短いトンネルを4つくぐり抜けると左側崖の斜面からいくつもの湧水が溢れ出る水汲み場がある。道路沿いに駐車スペースが用意されているので、大量の水汲みには便利な場所。

寒風山トンネルの工事の際に発見された新しい湧水で、20ｋｍほど離れた西条市街地からも水を汲みに訪れる人が多い人気の名水。冷たく美味しい水である

余談：五里霧中の石鎚山中での出合い

取材当日の石鎚山は生憎の雨。上に登っても眺望はゼロである。しかし、折角の機会なのでロープーウェーで1300メートル地点まで登った。山中は雲の中。濃霧に包まれて一服の煙草を楽しむだけで、ハイキングは断念。

ちょうどその時、装備万全の人が霧に包まれた登山道を降りてきた。なんと、その人は郵便配達人であった。この2年間、週に6日は山上の住民に郵便を届けてきた人で、市街地の郵便局から、モトクロス用のバイクで山道を登り、ロープーウェーに乗り継ぐ。その先は標高差150mの登山道を背負子（しょいこ）を担いで徒歩で往復。雨の日も雪の日もそうしているとのこと。さわやかな笑顔がすばらしい好人物であった。獣よけに法螺貝を持ち歩いていたのも印象的であった。

食楽MEMO　松山（奥道後）

瀬戸内海の幸と地元の野菜が豊富な松山は、美味しい料理を十分に楽しめる町である。筆者のお薦めは梅壇（せんだん）。ここは奥道後の、蛍の渓谷として知られる岩堰(いわぜき)にある落ち着いた料理旅館。宿泊もできるが食事だけでも利用する人が多い。松山市の中心部から３０分程度で静かで落ち着ける場所にある。

素材の味を引き出した料理が美味で、館内の設えも良い。気さくで陽気な女将さんの人柄のため、気分良く食事を楽しめる。

伊予（愛媛）名水探訪旅行 PLAN

この章では、四国の愛媛県にある三つの名水を紹介した。それぞれに性質の異なる湧水であり、景観も良いため全てをご覧いただくのが最善である。愛媛の名水探訪の玄関口は松山である。大阪から松山へはピーチ航空の便が格安だが、夜便しかないため（平成 26 年 6 月現在）、3 箇所を巡るには、現地 2 泊が必要であろう。幸いにも、松山市内のホテルは設備が充実している割には料金が安い。早朝の松山城の遠望も綺麗だ。

松山からはレンタカーで、朝天気が良ければまず石槌山を訪れてから、西条の「うちぬき」を訪れる。そして、帰路に「杖の淵」を訪れる。そして、次の日に西予の「観音水」を訪れて、時間があれば道後温泉（写真右）で一風呂浴びてから帰路につくのも良い。

時間に充分余裕がある方なら、新幹線で尾道に入り、そこで一泊してから、しまなみ海道あるいはフェリーで松山入りするのもいい。このあたりの瀬戸内海の島々の美しさは格別である上に、瀬戸田の平山郁夫美術館など見所も多いので良い旅行となると思う。

また、あくまで名水探訪というのであれば、高知県まで足を伸ばし、安徳水（名水百選）と実質的に日本一の清流と云われる仁淀川を訪れのも、松山をベースにするのがいい。あるいは、四国屈指の渓流美として知られる面河渓（おもごけい）を訪ねてみるのも良かろう。

第五章　四国の名水

その二

徳島県（阿波）

剣山	御神水（おしきみず）
吉野川市鴨島町	江川の湧水
眉山　山麓	錦竜水（きんりょうすい）

御神水（おしきみず）

徳島県三好市東祖谷　剣山　山頂付近　　　　　　　　名水百選

剣山（つるぎさん）の山頂付近の高さ **50m** もの巨岩（写真）の下から湧出する名水。水量は少ないがミネラル分に富み、病気を治す若返りの水といわれている。汚れのない石灰岩質を浸透してカルシウムが多く溶け込んだ水のようである。口当たりは柔らかい。

御神水（おしきみず）は、山頂から少し下の剣神社の直下にある。周囲にはカルストを連想させる石灰系の岩柱が目立つ。湧水は取水坑から汲み出すのだが、じょうごと柄杓（ひしゃく）が用意されている。取水後は、ゆっくり歩いて遊歩道でリフトまで 20 分程度。

NOTE　剣山と御神水

剣山（つるぎさん）は標高 1955m で、徳島県の最高峰。別名太郎笈（たろうぎゅう）と呼ばれ、南西側の次郎笈と対峙する美しい山塊。

修験道の山としても古くから知られ、信仰の山でもある。日本百名山としては、比較的に登りやすい山の一つといわれる。とはいえ、登頂するにはある程度の体力が必要である。

山頂は剣山という名からは想像し難い、なだらかで広がりのある空間になっている。良く整備された木道を散策しながら、360 度の眺望が楽しめる。とくに次郎笈（じろうぎゅう）へと続く緑の稜線は、柔和で美しく、山登りなど門外漢である筆者でさえ、感動を覚える景観であった（写真下）。

御神水を訪れる際には、遊歩道で水汲場にゆくのも一つの選択ではあるが、せっかくの機会なので、少々きつい山道ではあるが、登頂されることをお薦めする。

MEMO　奥祖谷（おくいや）二重かずら橋公園

剣山の山麓は水源の森百選に選定されており、豊かな原生林が広がっている。そこから溢れ出す清水が、深い谷間の美しい渓流となる。これが祖谷川の源流域の奥祖谷で、下流では「四国三郎」の別名をもつ大河川の吉野川へと続く。一帯は剣山国定公園エリアで、自然に調和した整備がされている。

その中でとくにお薦めするのは「 二重かずら橋公園,」で、奥祖谷の渓流美を堪能できる。渓流の水は冷たく、透明度抜群。伝統的なかずら橋や野猿もあって、居心地のいい快適な空間である。

アクセスMEMO

剣山の御神水　：　剣山には徳島道の美馬 IC を出て狭く見通しがきかないカーブが続く国道４３８号線を約１時間半登坂し、剣山中腹の見の越（標高 1420m）まで行く。そこから約１５分間の登山リフトを利用し、終点の西島（標高 1750m）までは簡単に上がれる。リフト終点から山頂までは、標高差は約 200m 程度。あとは登山道で山頂経由か、遊歩道で御神水に向かう。

山頂への登山道は、やや厳しい上りが続くため、それなりの体力が必要。けれども休み休みゆっくりと登れば、登山が苦手な人でも登頂できる。山頂すぐ下には簡素ながら食堂もあって、休息もできる。遊歩道は、少し遠回りではあるが勾配は緩いので多少は歩きやすい道。リフトの終点にある案内板を参考に、体力そして天候と時間の余裕から選択されるとい。

いずれにせよ、スニーカー等の歩きやすい靴と雨用のブルゾン、そしてペットボトル１本程度の飲料やチョコレートなどは携えて行く必要がある。備えあれば憂いなしである。なんといっても剣山の御神水は、登山愛好家ではない一般の方々には、名水百選の中では最大の難所である。季節は春か秋がベストで、12 月から４月末まではリフトも運休となる。

二重かずら橋公園　：　見ノ越から 439 号線で、奥祖谷のＶ字の深い谷間を 5km（15 分）程度下ると到着する。公園は有料だがその価値は十分にある（駐車場は無料)。遊歩道が整備されており、山から湧出するいくつもの清流が、滝や岩、美しい瀬などの変化に富んだすばらしい空間を創出している。渓流の美しさを観るという以上に実際に体感できる場所である。しかも、ずっと下流にある有名なかずら橋は混雑するようだが、ここはさほど混み合わない。

なお、公園入口前の道路際に「長寿の水」と呼ばれる名水の汲み場がある。湧出口から直接ホースで引き混んでいる美味しい水で、大量取水にも便利である。

食楽MEMO　伊谷蕎麦米汁（いやそばじる）

徳島では、そばの実をゆでて乾燥させ、皮を取り除いた「そば米」がほとんどのスーパーで販売されている。

祖谷川の流域は伝統的な「そば米」の産地。この「そば米」でつくる徳島独特の雑炊が「そば汁」あるいは「そば雑炊」である。徳島の家庭では、ごく日常的に食されているらしい。

「そば汁」は、とくにお酒を飲んだあとの夜食などには、ホッとする料理で、胃の腑も気持ちも温まる一品である。

NOTE　蕎麦の効用

蕎麦はビタミンB1を豊富に含み、脚気などのビタミンB1欠乏症の予防に効果がある。タンパク質含有量は多くはないが、必須アミノ酸をバランス良く含んだ健康的な穀物。また、機能性成分としてルチンが多く含まれており、血行を改善する効果が認められている。（御注意：大都市圏で市販されている蕎麦麺の大半は、成分の50%前後が小麦粉であるため、その影響を受けて、アミノ酸スコアは大きく低下する。こうした蕎麦は紛い物で、食べるなら二八あるいは十割そばが宜しい。

江川の湧水（えがわのゆうすい）　　　吉野川市鴨島町

ＪＲ徳島本線西麻植駅近くの「江川の湧水」は、付近住民の憩いの場として、また「四国三郎・吉野川をまたぐ空海の道」と紹介されてきた。

かつては、水温が1年を通して変化する摩訶不思議な水（夏は10度、冬は20度）として関心が寄せられてきた。ところが、筆者が訪れた2014年5月下旬には、「江川の湧水」は枯渇状態となっていた。

かつては整備されていた庭園も干上がったまま放置されている。柵内の窪みに僅かな水たまりがあるだけで、もはや名水といえる状態ではなく、堤防外の江川も干上がっていた。この状態では、湧水が蘇る日は期待薄のように見えるのが誠に残念である。

復活再生を遂げた眉山（びざん）の名水

錦竜水（きんりょうすい）

徳島一の繁華街である栄町からすぐ近くの寺町の一角に湧出する名水で、歴代の藩主が愛用し水番所を置いて保護したという泉。

一旦水脈が途絶えたが保存会により復旧され、昭和62年に蘇生した。現在も歴史的名水として市民に慕われており、筆者が訪れた際にも、現地の人々がタンクを携えて取水に来ていた。お茶などの飲用の他、炊飯や料理に用いているという。

MEMO　眉山（びざん）

眉山は徳島市街に隣接し、徳島市の景観を代表する山で、 最高地点は山塊の中央部の標高290mだが、徳島市中心街に近い東部にある標高277mの峰が広く山頂と呼ばれている。山麓の寺町には、眉山湧水群がある。

食楽 MEMO　「徳島づくし」

地元の料理を優雅に楽しみたいのであれば、筆者は、迷うことなく**渭水苑**（いすいえん）を薦める。美しい庭に囲まれた広々とした設えの良い座敷で味わう**「徳島づくし」**は、地場の素材を使った 10 種類以上の料理。料亭としての風格はもちろん、素材の良さや調理技術からみても納得の代金でゆったり楽しめる。もの静かでありながらにこやかな女将さんもなかなか素敵である。

こうした贅沢は、地方の都市では比較的手頃な値段で実現できる。渭水苑の座敷の設えの良さや料理の水準を東京などで楽しもうとすれば、お代のほうは軽く 3 倍程度になるだろう。地元の新鮮な素材による世界文化遺産の秀逸な和食を存分に楽しめる。

渭水苑

徳島市沖浜 東 1 丁目 54

088-626-0080

食楽 MEMO　阿波尾鶏

徳島市最大の繁華街栄町周辺で、気軽に楽しむ居酒屋料理としては筆者

のお薦めは 一鴻。ここの阿波尾鶏のオーブン焼きは旨い（若鶏がとくに旨い：写真上)。ジューシーな骨付きの若鶏に豪快にかぶりつくのもカジュアルで粋な食楽。

一鴻 徳島本店　088－623－2311

NOTE　阿波尾鳥

阿波尾鶏は、徳島県内で飼育されていた赤笹系軍鶏の阿波地鶏と、ブロイラー専用種の雌系統を交配して創り出された独自ブランドの肉用鶏。写真：徳島市役所経済部観光課の HP : http://www.city.tokushima.jp による

阿波（徳島）名水探訪旅行 PLAN

徳島へは、京阪神からは便利で、高速バス、フェリー、マイカー（レンタカー）など選択肢は多岐に渡る。首都圏からの場合でも、ジェットスターやピーチを利用すれば片道 4000 円以下の格安料金で関西空港まで到達できる。羽田・神戸の航空便もあるが少々割高である。それなら、新神戸駅を起点に駅ネットで鉄道とレンタカーを活用するほうが簡便なようだ。

いずれの手段でも徳島市内のホテルに前泊すれば、阿波の名水探訪は 1 日で十分可能。市内のホテルの料金は朝食付きでもさほど高くはない。

朝一番にレンタカーで剣山に向かい、見の越からリフトと徒歩で御神水を訪ねる。下山後は奥祖谷の二重かずら橋公園で、渓谷美を体感するだけでも充分に価値があると思う。但し、剣山の御神水探訪は天候に大きく左右されるため、雨天が予想される場合は取りやめるのが賢明。

参考地図　四国の名水百選

環境省の名水百選のサイト https://www2.env.go.jp による

第六章　山陽の名水

その一

山口県、広島県

（長門、周防、安芸）

山口県	秋吉台の湧水	別府弁天池
〃	岩国市	桜井戸
〃	錦川の源流	寂地峡
広島県	安芸郡	今出川清水
〃	広島市	太田川

別府弁天池（べっぷべんてんいけ）

山口県美祢市秋芳町大字別府（みねししゅうほうちょう）　名水百選

日本最大のカルスト台地である秋吉台。その麓に湧き出す水をたたえる美しい池。静かな田園風景の山辺の森に、際立つった　異彩を放っている。池の傍に佇むと、冴えた青緑の水面に魅せられて時間の経過をも忘れる。

水中は写真で撮影すると、別の色合いになり、透き通ったコバルトブルーが一層の冴えをみせている。

水汲み場は、池のそばに設置されている。シンボルである弁天さんの石像の背後に蛇口が３つ並んでいて、好きなだけ汲んで自由に持ち帰ることができる。湧水量は、日量５万５千トン。水温 14. 5℃で、カルシウム含有量が 20ppm と完璧な軟水であるため、飲用に適した柔らかなおいしい水である。

池の前に、簡素な食堂があり、この名水で育てられたマスが賞味できる。臭みなど全くなく旨い。

写真は、「マスのせごし」で 400 円。

NOTE　秋吉台

本州西端に近い山口県美祢（みね）市にひろがる秋吉台は、日本最大のカルスト台地（標高 180〜420m）である。地表には無数の石灰岩柱があり、地下には秋芳洞、大正洞、景清洞など、400 を超える鍾乳洞がある)。

カルスト台地上の降水は全て地下に浸透し、洞窟内の地下水系となっている。国の特別天然記念物に指定されている秋芳洞は、誰もが気軽に天地創造の力を体感できる異次元空間となっている。

就学旅行などで既に訪れた人も多いであろうが、個人で再度行ってみると新たな感動がある。

桜井戸（さくらいど）

山口県岩国市通津（いわくにし　つづ）　　名水百選

古くより名水として伝えられており、お茶会の水や、灌漑用水として利用されている。周辺は岩国レンコンの産地で、８月にはあちこちにみごとな蓮の花が咲いている。瀬戸内海がすぐそばの、のどかな住宅地の中にある小さな名水だが、ほのぼのとした良さがある。

アクセスMEMO

錦帯橋で有名な岩国の街の中心部から瀬戸内海の海岸線沿いに走る国道１８８号線を南に約２０分、通津駅の手前のコンビニの７ｉ の次の信号を右に入り、県道 115 号線を５分ほど走ると右側にある（案内表示も出ており、駐車スペース有）。

寂地峡（じゃくちきょう）

山口県岩国市錦町宇佐（いわくにしにしきまちうさ）　名水百選

寂地峡は錦川の支流宇佐川の最上流で、西中国山地国定公園内にある。標高約 **300m** で、日本の滝百選にも選ばれている「五竜の滝」がある。湧水は飲料源やわさび栽培に利用されている。

滝をめぐる遊歩道Ｂの散策がお薦めである。**30** 分程度の道のりで、変化に富んだ景観と涼感を十分に楽しめる。

取水には不向きだが、途中ポトポトと染み出す「延命の水」を味わうことができる。

アクセスMEMO

錦帯橋付近から国道１８７号線（錦川清流線）を北上し約４０分、中ノ瀬で国道４３４号線に入り、宇佐川沿いに約２０分。道路表示が明確なため、迷うことなく到着する。ほとんどが清流沿いの快適なドライブ。

山陽道（その一）　名水探訪旅行 PLAN

山口県の名水百選の探訪には、新山口駅（かつての小郡）を起点とするのが便利。新山口駅からレンタカーを利用すれば、第一日目の午後に４～５時間で、別府弁天池の名水探訪と秋吉台や鍾乳洞をまわって、新山口に戻ることができる。そのまま、岩国入りして、翌日に桜井戸と寂地峡を比較的ゆっくりと訪問できる。岩国をじっくり観たい、あるいは渓谷美をゆっくり味わいたいというのであれば、桜井戸を省略すれば良いと思う。いずれにせよ、この３箇所は１泊２日の日程で無理なく回ることができる。

宿泊は岩国国際観光ホテルをお薦めする。ここからの錦帯橋の景観は素晴らしく、錦川沿いの散策にもこれ以上の立地はない。駅までの送迎サービスもある上、親切丁寧な接客で料理も申し分ない。

錦帯橋：伝統工法で造られた日本一美しいとも言うべき木造アーチの橋である。

今出川清水（いまでがわしみず）

広島県安芸郡府中町石井城一丁目２番街区　　　　　　　　　名水百選

広島市に隣接する扇状地の扇端部である安芸郡府中町の湧水で、東川の泉（あるいは出合清水）と呼ばれ、昔から人々に大切にされてきた。しかし、現在は湧水量も乏しくなり、あまり利用されていないようだ。

また、現時点（2014 年 10 月現在）では、今出川清水や名水百選に対する異論もあって標示等も取り外されている。

近辺にもう一箇所、ごく微量ながら湧水が残存するが、同様に表示版等は撤去されていた。

宅地化が進んでおり、周辺の曲がりくねった小径と東川の清水のごく一角だけが往時を偲ばせる空間として現存している。今では、歴史的なモニュメントとしての存在すら危ぶまれる状況になっているのが残念である。せっかく名水百選に選定されたのであるから、「東川の清水を守る会」の尽力に対し、行政の積極的なサポートが望まれる。

アクセス MEMO

周辺には駐車スペースはない。田所明神社を目標ゆけば、そこから徒歩２～３分。

太田川中流域（おおたがわちゅうりゅういき）

広島県広島市安佐（あさ）北区、南区、東区、西区　　　　　名水百選

太田川は広島を代表する河川である。環境省の選定では、「河岸緑地や親水公園の整備など良好な河川景観の形成を意識した水辺」の整備が評価され、『祇園水門』や『行森川合流点』がそのスポットとされている。

しかし、遠方から訪れる名水ファンには、既に宅地化が進行している安佐地区のスポットよりも、少し上流域の方が魅力的だ。県道177号線沿いに安佐動物園に向かう辺からは、急峻な山間を蛇行しながら支流を集めて流れる清流となっていて、のどかな集落も点在する（写真上）。

さらに、極めつけは最上流域にある太田川支流の三段峡。太田川中流域は省略しても三段峡だけは見逃せない。

三段峡（さんだんきょう）

　広島県山県郡安芸太田町にある長さ約 16km の峡谷で、国の特別名勝に指定されている。太田川の最上流域の支流で、日本屈指の渓流美に魅せられる。

　長年の浸食によって節理が刻まれ、断層が露出しているなど変化に富んだ渓流美の極致。

　遊歩道は自然景観に充分配慮されており、勾配も緩やかなため、最高の渓流散策を気軽に堪能することができる。

　一般的には、黒淵まで片道約 40 分の散策が良かろう。黒渕の渡船も料金も手頃で乗る価値は十分にある。黒渕の茶屋はのどかで親切なので休憩には最適。

アクセス MEMO

広島市内から高速利用で約 1 時間半、カーナビ目的地を三段峡正面口に設定。

食楽MEMO　広島

広島といえば、なんといっても牡蠣（かき）が名物。そのジューシーな食感と味は多くの人に愛されている。焼いてよし、煮てよし、揚げてよし。

市内には、美味しい牡蠣を食べさせてくれる店は多い。その中で、筆者は雫（しずく）という店を試した。この店では生牡蠣（なまがき）は出さないが、その他の牡蠣料理は色々と楽しめる。生牡蠣は大変うまいが、万が一にも食あたりをおこすと大変なので、特に旅先では控えめにしたほうが無難。　　雫：082—222—3433

牡蠣は古くから世界中で食され、肉や魚介の生食を嫌う欧米食文化圏においてさえ、例外的に生食文化が発達した食材。生ガキはフランス料理における高級なオードブルの定番。ボストンやニューヨークなども大変人気がある。必須アミノ酸をすべて含むタンパク質やカルシウム、亜鉛などのミネラル類をはじめ、さまざまな栄養素が多量に含まれるため、「海のミルク」とも呼ばれてきた。

第七章　山陽の名水

その二

岡山県・兵庫県
（備前、美作、播磨）

岡山市	雄町の冷泉
蒜山高原	塩釜冷泉
鏡野町上齋原	岩井の滝
宍粟市	千種川
平石山　山麓	清水のお大師
福知渓流	文殊の水
明石	亀の水

雄町の冷泉 (おまちのれいせん)

岡山県岡山市雄町 305-8　　　　名水百選

岡山市内を流れる旭川の伏流水が、この地の砂地を通して湧出している。江戸時代、岡山藩池田家の御用水として使われていた名水である。従来からの水汲場は住宅地内に現存しており、絶え間なく清水が湧出している。

元来の水汲場から 200m程手前の道路沿いに、雄町の冷泉を引いた水汲場がある。トイレ･駐車場などを整備した「おまちアクアガーデン」である。ここは便利なため、ひっきりなしに人々が水汲みに訪れる（取水・駐車場とも無料）。

水質は定期的に検査されている。カルシウム・マグネシウム含有量（硬度）が最適値とされる 50mg/ℓ前後の軟水。水温はややぬるいが、柔らかく口当たりの良い水。水量は日量 60 トン（アクアガーデン内）。

NOTE　雄町米

雄町米はイネの栽培品種の 1 つで主に日本酒醸造に用いられている。9 割は岡山県産である。雄町は酒造好適米で、山田錦や五百万石などの優良品種の親として重宝された。現存する酒造好適米の約 2/3 は雄町の系統。大粒で心白が大きい。

昭和初期には品評会で上位入賞するには雄町米でなければ不可能と言われた。しかし、丈が約 1.8m 高く風にも病虫害にも弱かったため生産量が減少し。雄町の改良品種の山田錦に取って替わる。一時は栽培面積がわずか 6ha に減少､絶滅の危機を迎えたが、現地酒造メーカーを中心に栽培が復活し、雄町使用の清酒が再び生産されるようになった。雄町米を使用した醸造酒は、国際的にも高く評価され、赤磐市内の複数の酒造メーカーが出品した吟醸酒は､第 41 回モンドセレクション（2002 年）の最高金賞を受賞している。

アクセス MEMO：カーナビの目的地を**おまちアクアガーデン**に設定。

塩釜の冷泉（しいおがまのれいせん）

岡山県真庭市蒜山下福田（まにわし　ひるぜん）

名水百選

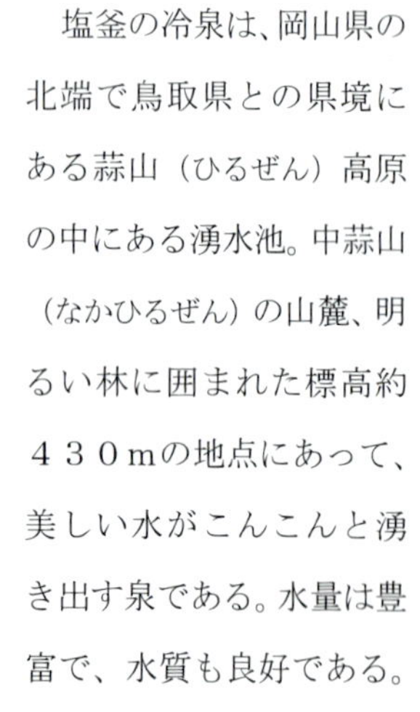

塩釜の冷泉は、岡山県の北端で鳥取県との県境にある蒜山（ひるぜん）高原の中にある湧水池。中蒜山（なかひるぜん）の山麓、明るい林に囲まれた標高約４３０ｍの地点にあって、美しい水がこんこんと湧き出す泉である。水量は豊富で、水質も良好である。

周辺は大山国立公園エリアで、豊かな自然に溢れた広がりのある開放的空間。車でのアクセスは非常に便利で、道中の景観もすばらしい。塩釜の冷泉付近は、素朴な雰囲気を残しながらも、整備が行き届いている。誰もが立寄り易い、のどかな安らぎを感じる場となっている。

塩釜の冷泉は、水温１０℃の非常に冷たい湧水である。７月初旬の昼時（気温２５℃）に、筆者は水中の状態を撮影するため素足で入ったが、余りの冷たさに足がすぐに痛くなった。流石に川遊び用の靴を履いている子供たちも、一度入った後は、二度と入ろうとはしなかった。

水源の池からの水汲みは禁止だが、湧出口から公園の入口まで直接パイプで送水されている。駐車場の直近なので、遠方からの水汲み客も多く、大量の容器を携えて訪れる。水汲み場でも水温は冷たいため、ペットボトルは瞬時に結露して真白になる。

食楽 MEMO　蒜山（ひるぜん）高原

上蒜山（1,202m）中蒜山（1,122m）下蒜山（1,100m）の三つの峰があるため、蒜山三座と呼ばれる。この南山麓に広がる高原が蒜山高原である。大山隠岐国立公園エリアで、広がりのあるすばらしい景観が維持されている。

上蒜山の山腹から山裾にかけての火山麓扇状地は放牧地として利用され、日本で最大数のジャージー牛が飼育されており、雄大で牧歌的な風景。中国自動車道の落合 JC から米子自動車道に入り、蒜山 IC を出て２０分程で到着する。道路はよく整備されているのでドライブには最適。ただし、冬場の美作（真庭市など）は豪雪地帯であるため、スタッドレスタイヤなどの備えが必要。

蒜山高原での食楽としては、筆者は迷いなく、ジャージー牛の乳製品をお薦めする。通常のホルスタインのミルクとは風味が全く異なり、非常にコクがある上にアッサリしていて美味しい。

そのまま飲んでも美味だが、コーヒーや紅茶に入れるとその良さを十分に実感できるだろう。牛乳が苦手な人でも、その美味しさに目覚める。とくに、ミルクティーには最適。一度試してみれば、英国人がミルクティーをこよなく愛する気持ちが理解できるであろう。この他、ヨーグルトやチーズなどの乳製品もあっさりしていて美味しい。

さて、もう一つのおすすめが、チーズフォンデュ。これも非常に美味で、くどさがない。チーズがやや苦手な人でも、パクパク食べるほどである。しかもリーズナブルな値段で味わえるので、是非ご賞味をお薦めする。

ひるぜん
ジャージーランド
0867 - 66 - 7011

岩井の滝（いわいのたき）

岡山県苫田郡鏡野町（とまたぐん　かがみのちょう）　　名水百選

岩井の滝は、氷ノ山後山那岐山（ひょうのせん うしろやま なぎさん）国定公園の中にある。険しい谷間の多い山岳地で霧が広がりやすく、まるで雲海の中にいるような幽玄を感じさせる地域である。

滝へと向かう小径は、自然林の中の渓流沿いの緩やかな坂道で、約４００ｍの行程。その途中に名水「岩井」がある。岩の下から清らかな湧水が浸み出している。湧水量は一日170トン。水温10度の軟らかく美味しい水である。

岩井の滝は落差２０ｍだが、別名「裏見の滝」と呼ばれるように、滝の裏側に簡単に入ることができる。水のカーテンの横から滝裏に入ると、そこは霊的空間である。

（同様の滝は、阿蘇外輪山の麓、小国町の鍋ヶ滝。テレビのCMで有名になった人気スポット。違いは、神秘的な雰囲気の強さで、岩井のほうが幽玄を感じる。）

アクセスMEMO

カーナビで、「かみさい齊(いつき)の里」0868-44-2363を目的地にするのが良いと思う。国道１７９号線に表示もあるが見落とし易い。「かみさい齊の里」の案内地図で位置確認すれば、１０分程度で岩井の滝の駐車場に辿りつく。

食楽 MEMO　津山の雉鍋（きじなべ）

左が雄、右が雌　「野生雉写真」http://www.4.ocn.ne.jp による

津山の老舗の料理旅館である、あけぼの旅館。豪華さはないが、親しみやすいい和の空間。

乃木将軍が滞在した乃木の間でも雉鍋を楽しむことができる（10～3 月の名物料理）。葱、芹、牛蒡と雉肉の旨味が、秘伝のだしとあいまって味は絶品。薬味は佐賀産のゆず胡椒。

キジは、鶏肉料理として焼いたり煮たりする料理の食材として古くから使用されており、四条流包丁書には「鳥といえば雉のこと也」と記されている。アミノ酸が豊富に含まれており、脂肪分は鶏肉の 15％という低カロリーの健康食。　要予約　0868-22-2043

NOTE　美作（みまさか）の国

岡山県北部、中国山地南側の盆地が点在する山間地。主な盆地は真庭、津山、美作の三つである。岡山県の大河川である旭川と吉井川の上流域で、近代化以前は高瀬舟が流通の役割を担った。

美作国は、和銅6年（713年）、備前国から分立。以後、強固な地域勢力がなく、南北朝時代から戦国時代の終焉まで、周辺の大勢力の草刈り場となってきた。近世以降、津山が城下町として整備されたが、美作国内は小藩に分割され有力大名がひしめく山陽道の喧騒を耐え忍んだ。

明治4年（1871年）の廃藩置県により津山県が成立し、同年11月には統合されて北條県となる。しかし、その北條県もわずか5年で（明治9年：1876年）、岡山県に合併され、廃止となった。

ところが、平成17年（2005年）から、津山地方振興局は美作県民局に改編され、ほぼ美作の領域を統一的に扱う行政機関が成立した。平成25年（2013年）には、美作国建国1300年記念事業が行われている。美作の国は再認識されつつある。

圧倒的存在感のある観光スポットもなく、大規模な工場地や住宅地の開発等もされずに残された静かな地域である。そのため、貴重な自然空間が残っており、いぶし銀のような優しい輝きを放っている。

岡山県は桃、メロン、ぶどうなどフルーツの栽培で有名な、おいしい果物の一大産地である。

中でも美作は、大粒で高品質のマスカット栽培が盛んである。**シャインマスカットやジャイアントマスカット**は高糖度で、高価なアレキサンドリアに近いおいしさだが、現地では比較的安価。

千種川（ちぐさがわ）

兵庫県宍粟市千種町（しそうし）　名水百選

岡山県境に近い宍粟市を流れる川で、人工的改変度が極めて小さい清流である。三室山（みむろやま：標高 1358m）山麓の上流部では河川環境基準ＡＡ、中下流部でも A をほぼ充たしているという。

目を瞠るような渓谷美はないが、かえってそれが幸いして観光施設もなく、貴重な自然を残す流域となっている。

上流域では、森林から湧水が沁み出し、天然の岩でできた水路のような谷を清流が下るという風景。**三室の滝**（写真右下）の上流域（支流の河内川）の林道は完全には舗装されておらず、野趣あふれる空間である。

アクセスMEMO

山陽本線並びに新幹線の相生駅（または山陽自動車道龍野日IC）から、国道2号線・373号線・179号線経由、県道53・72号線で千種川沿いに北上すれば千種川上流・中流域のほぼ全てを眺望できる。72号線沿いには、行者霊水という名水の水汲場があり、有料（20ℓ100円）にも関わらず水汲み客が絶えない。上流域一帯は氷ノ山後山那岐山国定公園に指定されている。カーナビは、「道の駅ちくさ」（宍粟市千種町下河野）0790-76-3636を目的地にして、そこから上流域に入る。

清水のお大師（しみずのおだいし）

兵庫県神崎郡神河町（かみかわちょう）

播磨（播州）の湧水は、標高９７２ｍの砥峰（とのみね）の山麓や、揖保川源流の福地渓谷の近辺に集まっており、きれいに整備された名水の水汲場がいくつかある。

「清水のお大師」もその一つで、湧水の水汲み場は清潔で、平日でも近隣の人々が頻繁に取水に訪れている。

筆者には、わずかに固めに感じるが、紅茶やコーヒーなどには適した水かと思う。

アクセスMEMO

播但連絡有料道路の神崎南ICを出て、８号線を西に約３ｋｍで神河町に入る。付近はのどかな田園風景で、農業用水路には澄み切った水が流れている。寺前の信号を右折し、４０４号線を北に約８ｋｍ大河内長谷の郵便局を左折し３９号線に入り、清流沿いのなだらかな坂道を登る。ほどなく道路は狭くなるが、見通しはよく大河内発電所を見下ろす長谷ダムが見えてくる。その先の深山トンネルを抜けると、すぐに右手にある。駐車場もあり、よく整備されている。

立寄りMEMO

砥峰高原

（とのみねこうげん）

清水のお大師から３９号線を西北に進むとほどなく砥峰高原に到着する。砥峰高原は山野草の宝庫、秋にはススキの大群生地として知られている。標高８００～９００m、面積は約９０ha の草原。

春から夏には、緑に包まれた柔和な景色で、広がりのある清々しいしい空間である。無料の駐車場、軽食堂などが整備されており、清潔で居心地がいい。緩やかな起伏に富んだ地形で、湿原には木道が巡らされていて、散策には最適。サンドイッチでも持参して、のんびりと風景を眺めているだけでも、開放感に満たされる。

村上春樹原作の映画「ノルウェーの森」（2010 年公開）の撮影地となって以来、映画やドラマの撮影地として利用されるが、秋のススキの時期の週末以外は、さほど混み合う場所ではないので、ゆったりと高原の散策を楽しめる。

NOTE　平石山

清水のお大師の水源は平石山（標高 1,061m）で、名峰段ケ峰や砥峰高原と対峙する山。緩斜面の台地で、原生林が広がっている。段ケ峰（標高 1103m）は、関西の登山愛好家に人気の山。これらの山塊が麓を潤す豊かな水源となっている。

福地　文殊の水（ふくち　もんじゅのみず）

兵庫県宍粟市（しそうし）一宮町福知　　　　　　　　　　　　地域の名水

福知渓流の中流域にあるこの湧水は、口当たりのよい清涼感あふれる美味しい水。文句なしにすばらしい湧水である。

文殊の水は道路沿いで、勢いよく湧出しているため水汲には便利。

道路の反対側には渓流沿いにバーベキュー用の貸席もあり、野外での食楽にも適したところである。周囲には渓流釣りのための施設も点在している。

このあたりまで下ると県道３９号線の道幅も広がりよく整備されている。見通しも良いため運転に気を使う必要はない。周辺の景色も、渓谷から清流に変わり、のどかで開放感のある雰囲気になる。

立寄りMEMO　福知渓谷

砥峰高原から３９号線を西北に進むと、すぐに一昔前の林道なみの道幅の極めて狭いカーブが連続する悪路となる。

ここが、ほとんど手つかずの自然が残る福地渓谷で、この川の水は播州龍野市の揖保川へと流れてゆく。揖保川は揖保素麺や赤とんぼの唄で全国的に知られ河川であるが、その上流域の一つがこの福地渓谷。

亀の水（かめのみず）

兵庫県明石市人丸町　　地域の名水

播磨三名水の一つである名水「亀の水」は、JR 明石駅から徒歩で約１５分、柿ノ本神社の西参道にある。長寿の水とも呼ばれている。町中にあってアクセスも便利な上に、柔らかなおいしい水で、平日でも近隣の人々がひっきりなしに水汲みに訪れている。直近には駐車スペースがないため自転車の人も多く、１０～３０リットルほど汲んでゆく風景がほほえましい。

湧出口の亀の石像や手水鉢は 1719 年に寄進されたものでなかなか趣がある。柿ノ本神社が鎮座する人丸山はきわめて小さな山に過ぎないが、水量は豊富である。

亀の水のすぐ横が柿本神社の西参道で、明るい林の中を縫う坂道。万葉の歌人、柿本人麻呂を奉っている古社で、門前から明石海峡や淡路島が一望できる。また、日本標準時の子午線の標示柱がある。隣接する月照寺の端正な庭も美しく、散策にも好適。永井荷風の石碑もある。

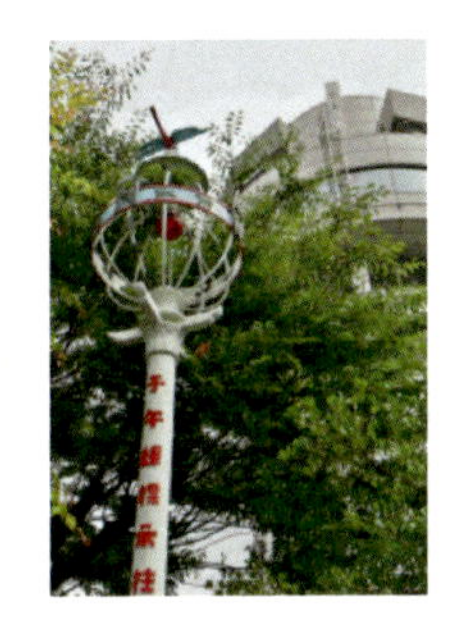

食楽 MEMO

JR 明石駅からは、大きなタイの看板塔が目の前に見える。駅を出て大通りを、南側に進むと、鮮魚店が並ぶ「うぉんたな」とよばれるアーケードがある。夏場は麦わらダコが急速に成長する時期で、立派なタコが並ぶ。明石の鯛も健在である。

写真右：料理屋「矢倉」の主人丸岡郁夫氏とタイの刺身

078-912-3848

参考地図　山陽・山陰の名水百選

環境省の名水百選のサイト https://www2.env.go.jp による

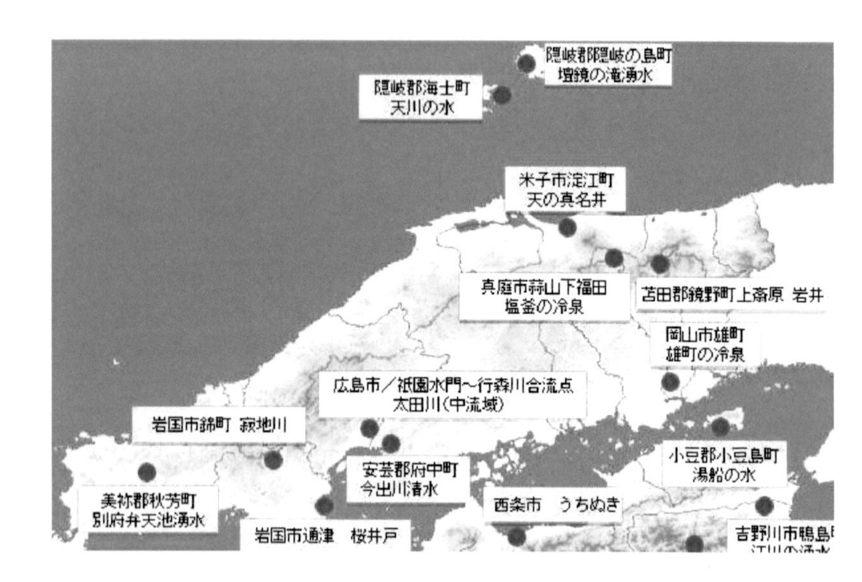

第八章　山陰の名水

鳥取県、兵庫県、京都府

（伯耆、丹波）

鳥取県米子市	天の真名井
〃	本宮の泉
兵庫県丹波市	狸穴の水
京都府宮津市	磯清水

天の真名井 (あめのまない)

鳥取県米子市淀江町高井谷　　　　　　　　　　名水百選

山陰第一の独坐大雄峰である大山を仰ぐ米子の街から１２～３キロ、孝霊山（こうれいさん：大山火山の側火山、標高 751m）の麓にある湧水。「天の真名井」とは、清浄な水に付与される最大の敬称である。古代から絶えず湧出し、生活に不可欠の水源として大切にされ、今なお静かな集落のふれあいの水辺として親しまれている。

水質・水量：水量は１日 2,500 トン。水温は 14℃前後と年中一定で、清涼感のある美味しい水である。

集落内は道が狭いため、300mほど手前に駐車場があり、水汲場もあって便利。そこから田園風景の中の遊歩道を歩く、のどかな散策がいい。

本宮の泉（ほんぐうのいずみ）

米子市淀江町本宮　　　県指定名水

天の真名井の近くに、孝霊山系のすばらしい湧水がある。その一つが本宮の泉で、1日3万トンという豊富な水量の清水である。霊峰大山を眺望できる県道24号線に案内が出ている。小さな谷間の集落で神秘的な空間。100mほど手前のバス停に広い駐車場があるので便利。

カーナビで「天の真名井」を目的地に設定すれば簡単に到着する。山陰道淀江ICからは約10分。ここから本宮の泉へは天の真名井にある案内板を参照。

狸穴の水（まみあなのみず）

兵庫県丹波市市島町上鴨阪　　　　　　　　　　　　地域の名水

五台山の登山口にあるまろやかで飲みやすい湧水。素朴ながら清潔に管理されていて、取水には便利。弘法大師の名水伝説がここにも存在する。

五台山（標高655m）は、手つかずの自然が残る緑豊かな山で、鹿やイノシシなどの野生動物も多い。原生林に蓄えられた清らかな水が山麓を潤す水源となっている。

立寄りMEMO

白毫寺と九尺藤　　　　　　　　　　　　　　　　丹波市市島

狸穴の水の近くに白毫寺がある。石門のそばには、絶えず岩清水が流れ込む「一心池」がある。美しい孔雀が飼育されていいて孔雀寺とも呼ばれる。境内は林の中に種々の花が植えられ、散歩道になっている。そして、なんといってもこのお寺は、「九尺藤」と呼ばれるすばらしい藤で有名。

１mを越える藤は圧巻。夜間のライトアップされた美しさはこの世のものとは思えない幻想的空間となる。（4月下旬~5月中旬　写真：右ページ上下）

余談　葛藤

「葛も藤も樹木に執拗に絡み付くツル草で、このツルがもつれて、ときにくい状態になるのが葛藤（かっとう）で、精神的な混乱・緊張状態(mental conflict)を表す言葉である。人間の社会は、多くの人びとに葛藤をもたらす。また、自分の心の中で相反する動機・欲求・感情などが絡み合う選択上の葛藤は、悩みの根源の一つ。そのため、仏教では、人間界の貪欲や愚痴などの煩悩が断ちきれない精神状態の比喩として「葛藤」という言葉が用いられてきた。また、仏典の難解な言句にとらわれて議論が錯綜することも「葛藤」とされる。

しかし、藤の花は美しい。葛もおいしい和菓子となる。絡みあっても、ねじれても、喜びをもたらす藤や葛はすばらしい。欠点ばかりに眼を奪われて否定的な諦観に陥っていては、人生を楽しむことはできない。

どんなに捻じ曲がっていても、愛情をもって育てられた白毫寺の孔雀藤は、時節到来とともに見事な花が咲く。

アクセスMEMO

狸穴の水へは、舞鶴若狭自動車道の春日ICから国道175号線八日市の交差点で282号線に入る。前山川に沿って進むと、五台山登山口の弘法大師像に到着する。

立寄り MEMO 水分かれ（みわかれ）公園

本州で一番低い中央分水界

中国自動車道から舞鶴若狭自動車に入ると、三田市の西側のなだらかな丘陵が続くが、丹南の二つのトンネルとをくぐると、東西に大きく広がる丹波篠山の盆地が見えてくる。周囲の山々の稜線は穏やかで、のどかな山間の町の雰囲気。篠山を過ぎ、丹波第一トンネルを抜けると山々の稜線は険しくなる。

春日 IC を降りると丹波市氷上町（ひかみちょう）に入る。一見どこにでもある山間の田園風景のように見えるのだが、この一帯は、雨水が山陽と山陰分かれる分水界なのである。一方は由良川となって日本海へ、もう一方は加古川となり瀬戸内海へ流れる。

この近辺は、日本海からの冷気と、太平洋からの暖気が出会う場所で、双方の風が運ぶ雪や雨が大地を潤し、春秋には幻想的な霧の風景を生み出す。「天空の城」という異名で一躍人気を得た竹田城の景観も、この地理的特徴が基になっている。

水別れ公園（写真上）：標高わずか **95m** と本州の中央分水界では一番低い地点。そのため、兵庫県丹波市氷上町石生（ひかみちょういそう）付近は、「水分れ（みわかれ）」と呼ばれている。

アクセス MEMO

水別れ公園へは、舞鶴若狭自動車の春日 IC を出て、176 号線を 3～4 k m西へ進み 176 号線（水わかれ街道）に入る。約 1.5 k m南下すると JR 福知山線の石生（いそう）駅を過ぎてすぐの「水分かれ」という信号を左折し川沿いに 1 k m弱。

NOTE　中央分水界踏査

日本山岳会の偉業

中央分水界は、日本列島の背骨ともいえる存在で、日本を太平洋側と日本海側とを分ける分水界。 本州では、中央分水界で最も高度が高いところは乗鞍岳で 標高 3026m、最も低いところが丹波市氷上町の標高 95m である。

日本山岳会は百周年記念行事として、北海道の宗谷岬から九州の佐多岬まで実に五千キロにも及ぶ踏査を行った。約 6,000 人の会員が分担して実際に尾根を歩き踏査を行うという世界に誇りうる偉業で、2006 年 11 月 4 日に全ルートの踏査が完了した。(この踏査によると、判然としないものの北海道の新千歳空港付近を中央分水界が通っており、標高はわずか 13.7m)。

律令制の時代から国の境の多くは、水分（みくまり）と呼ばれる分水界とされてきた。分水界は、尾根筋に一致することが多く交通面での境となる上、気候や風土そして生活文化も異なる場合が多いため、理にかなった国境ラインともいえる。

ヨーロッパにおいても尾根が国境とされることが多いため、アルプス周辺では分水界と国境がほとんど一致している。

余談になるが、 筆者は小学生のころ、アメリカの地図を見て、国境や州境が直線であることを非常に奇異に感じた。ナショナル・ジェオなどに見るように自然愛好家の多いアメリカであるが、あの州境のラインは少々無茶のように思う。

食楽 MEMO　丹波

山々に囲まれた丹波篠山は、のどかで懐かしい雰囲気に包まれる親しみやすい町。丹波の独特の地形と豊富な水は、滋味豊かな作物を育み、日本の食文化にも大きく貢献してきた。ここでは、是非とも清らかな水が育んだ良質の豆や野菜を中心にした料理を味わいたいものだ。

丹波は京都との繋がりも深く、料理のレベルは高い。筆者は、料理旅館の近又での昼食をお薦めする。老舗の名門であるが、気さくで親しみやすい処。お昼の篠山盆地の素材を用いた地場会席がリーズナブルで楽しい。

近又　079－552 - 2191

丹波の山芋

山芋の中でも**捏芋**（つくねいも）は、最も粘り気が強く味わいも深い。土質を選び乾燥を嫌うため栽培が難しく、産地は限定され、食材として珍重されている。

澱粉の消化酵素であるアミラーゼなど多くの消化酵素とタンパク質を含む。また、ビタミンEやカリウムも豊富で、血圧を下げる効果がある。

加熱するとアミラーゼの効果がなくなるので摺りおろした「とろろ」として食する伝統料理はきわめて合理的（写真右：筆者が調理したむぎとろ）。

立ち寄りMEMO　亀岡

京都から丹波への玄関口とも言える亀岡は、トロッコや保津川下りで知られる町。山側はのどかな田園風景で、出雲大神宮（いずもだいじんぐう）の境内には名水「真名井の水」がある。

真名井の水は、マグマの接触変成岩層から湧き出している名水で、古来より御神水と崇められてきたという。

この神社は、かつては丹波国一宮であったが、現在は神社庁に属さない単立の神社で、スピリチュアルなパワースポットとして、訪れる人も多い。本殿の背後の山は、明るい林に包まれ、岩間を流れる滝もあって（写真）、軽い散策には良い場所である。出雲大神宮：0771-24-7799（JR 亀岡駅から、京阪京都交通バス千代川行きで 15 分）

楽々荘：JR 亀岡駅の近くにあるレストランとホテルで、1898 年（明治 31 年）頃の洋館と七代目小川治兵衛による 700 坪の日本庭園で有名（国の登録文化財）。京都銀行の前身である亀岡銀行や、トロッコの前身である京都鉄道など多く会社の設立に関与した実業家・政治家の屋敷。　軽い食事や、コーヒーとケーキなどに立ち寄るには最適。

0771 - 22 - 0808

磯清水（いそしみず）

京都府宮津市（天橋立公園内）　名水百選

両側を海に挟まれた細い砂州の中程にありながら、清浄な淡水が湧出しているため、古来より不思議な名水とされている。平安時代中期（10世紀末頃）の歌人である和泉式部が、「橋立の松の下なる磯清水　都なりせば　君も汲ままし」と詠ったと伝えられ、訪れる人々の喉を潤す水として珍重されてきた。

やや涼感には欠けるが、柔らかな口当たりの地下水で、あさりの吸い物や味噌汁用の水には最適と思われる。

天の橋立（あまのはしだて）

山上から眺めれば、自然の造形の妙。そして松林の中を歩けば、静かな青い海と白砂に魅了される。日本三景の一つとして、古くから多くの人々に愛でられてき空間である。

立寄りMEMO　金引の滝

美しい岩肌を清涼な水が滑り落ちる滝で、霊験あらたかな場所。日本の滝百選に選ばれている滝で、映画のロケ地としても知られている。（宮津から国道9号線で10分ほど走ると案内板がある。そこから狭い道を約10分）

食楽 MEMO　宮津（天橋立）

天橋立を訪れた際にぜひ立ち寄りたい店は、まずもって大衆海の幸料理の富田屋（とんだや）である。

宮津駅前で、駐車場もあるため、車でも電車でもアクセスは便利。レトロな雰囲気の中で新鮮な魚介類を存分に楽しめる。

とにかく、旨い、安い、美味しい。その上、懐かしい食堂の雰囲気と賑わいがあってとても良い。京都府や福井の名産である甘エビを始め、アサリ、ウニ、ノドグロ、アジなど、現地の魚介類が家庭的で素朴な調理で味わえる。

0772-22-0015（予約不可）

アクセス MEMO　天橋立と磯清水

京都から、国道 9 号線と京都縦貫自動車道で宮津まで約 2 時間、道路標識に充分に表示がされているため、迷うことはない。

第九章　近畿の名水

その一

兵庫県、大阪府、京都府、福井県

（摂津、山城、若狭）

須磨　　須磨の霊泉
神戸　　布引の滝と神戸ウォター
西宮　　宮水
大阪　　水無瀬　離宮の水
京都　　御香水ほか
福井　　瓜割の滝

須磨の霊泉(すまのれいせん)

兵庫県神戸市須磨区須磨寺町３丁目　　　　　　地域の名水

1995年（平成7年）1月17日に発生した阪神淡路大震災は、6千人を超える死者と、全半壊した家屋249,180棟(約46万世帯)という惨事となった。その際に大きな役割を担った名水である。

とくに神戸市市街地（東灘区・灘区・中央区・兵庫区・長田区・須磨区）の被害は甚大で、高速道路やデパート・マンション等も崩壊し、世界中に衝撃を与えた。この非常事態の中で、多くの被災者にとって文字通り命の水となった湧水が須磨の霊泉である。震災直後は、取水の人々で長蛇の列となったことが語り伝えられている。何の変哲もないように見えるこの小さな水汲場が、大惨事の中で霊泉としての本領を発揮し、無言で被災者救済に一役買ったことに思いを馳せると感無量といえよう。

立ち寄りMEMO　須磨

震災から約20年の歳月を経た今日、須磨地区は陽光溢れる美しい海岸と豊かな緑の丘に囲まれた風光明媚な街として復興している。霊泉の北側直近には須磨寺公園と須磨離宮公園、西には須磨の浦公園、南側には須磨海浜公園という四つの公園に囲まれており、周辺の散策には好適。植物園、水族館、そして源平ゆかりの歴史モニュメントなども徒歩で回れる。

食楽 MEMO

須磨地区には個性豊かな飲食店が多いので、食事を楽しめる。気軽に立ち寄れる店としては、JR 須磨駅前の**コペンハーゲンドッグ**の店がいい。本場のソーセージを使ったホットドッグは旨い。カールスバーグのビールとも抜群の相性である。元シェフであった朗らかなご主人が調理しているので、明るい雰囲気で寛げる店である。

また、古き良き神戸の雰囲気を求めて、少しオーセンティックにランチを楽しむというなら、**神戸迎賓館ルアン**もいい（078－739－7600）。３千坪の庭園の中の洋館で、手間隙かけた料理と行き届いたサービスが楽しめる。

アクセス MEMO

須磨の霊泉に行くには、神戸・大阪方面からＪＲ須磨駅で下車。そこから徒歩で須磨寺に向かって（山側に）約 10 分。須磨寺商店街の北、須磨寺の参道入口の交差点にある。周辺散策の後、帰路は JR 須磨海浜公園駅が便利。

布引渓流（ぬのびきけいりゅう）

兵庫県神戸市中央区葺合町　　名水百選

布引渓流は、六甲山系を水源に、神戸市の中央部の斜面を駆け下って大阪湾に注ぐ生田川の中流域。古来より和歌にも多く詠まれた布引の滝などがある渓流。

新神戸駅から、わずか１００m、徒歩10分ほどで渓流域に入ることができるという都心直近の珍しい渓流である。

NOTE　神戸ウォーター伝説

摂津国の漁村のでしかなかった神戸は、1868 年（明治元年）の開港以来急速に発展した。外国人の居留地が拡大し、西洋文化の入り口となった。そして 日清戦争（明治 27-28 年）後には香港・上海を凌ぐ東洋最大の港となった。

その当時から、布引湧水は神戸ウォーター（KOBE WATER）の名で、外国船の航海用の水として重宝された（司馬遼太郎の『街道を行く』などにも指摘されている）。神戸ウォーターは、常温での長期保存に適した「腐らない水」という高い評価を受けていたのである。

けれども、伝説の神戸ウォーター（KOBE WATER）は現代では極めて稀少になってしまった。ダムの建設や生田川の治水工事あるいは道路やトンネル建設によって、往時のような神戸ウォーターは期待し難い。

往時の神戸港　画像は下記による

http://www.kobe.justhpbs.jp/adolf.html

神戸市の水道事業は、当初開発の貯水池だけでは人口増に対応できず、遠く離れた千苅貯水池など供給源の拡大を図った。しかし、昭和 30 年代以降は自己水源の拡張は困難で、1967 年以降は淀川の水を導入して生活用水を賄っている。最近では、神戸市全域の水道の約 75%は淀川の水である。

神戸ウォーターを現在直接味わう方法は極めて限られる。一般的には、神戸クアハウス（神戸市中央区 二宮町 3-10-1　078-222-3755）を利用するのがほぼ唯一の方法。試飲も水汲み（有料）もできる。また、長期常温保存ができる神戸ウォーターの特性が評価され、災害等への備えとして購入するケースも多いようだ。

食楽 MEMO　神戸

海外文化の入口として発展した神戸では、食を楽しむ機会は多い。神戸牛、異国情緒溢れる南京町などは全国的によく知られる。ここで筆者の推薦は、**フロイント**での軽食である。数々の名建築を残したヴォーリスによる元教会の建物の中で、最高水準のパンが楽しめる。写真は一見何の変哲もない素朴なプレートであるが、主役はパン。とくにライトグラハムは秀逸なパンなのである。　フロイント　078-231-6051

NOTE　グラハム　（全粒粉ブレンドのパン）

全粒分（ぜんりゅうふん）とは、小麦の表皮、胚芽、胚乳をすべて粉にしたものである。アメリカのグラハム博士が 1837 年に栄養価の高さに注目し、全粒粉の利用を薦めたことからグラハム粉とも呼ばれる。製パン用のグラハムは、一般的に胚乳部分を普通の小麦粉と同じように挽いたものに、表皮や胚芽を粗挽きにして混ぜ合わせている場合が多い。そのほうが風味・食感に好適だからだ。

黒パンやライ麦パンなどが苦手な人でも、グラハムは癖のない小麦本来の風味が味わえる逸品。いわば「玄米ブレンドご飯」の西洋版といえよう。ライトグラハム（全粒粉含有率 30%）などは究極の小麦食品といっても過言ではない。胚乳だけを用いる通常の小麦粉と比べ栄養価が高く、薄力粉と比較して約 3 倍の食物繊維や鉄分を含み、ビタミン B1 なども多く含まれている健康的な食品でもある。

宮水(みやみず)

兵庫県西宮市久保町　　名水百選

宮水は、かつて灘の生一本の名声を全国に知らしめた酒造りの名水である。しかし現在では、残念ながら水汲みどころか試飲すらできない。同じように名水と美酒で有名な伏見とは大違いだが、諸般の事情があるのだろう。とはいえ、閑静な住宅街で車の通行量も少ないため、のんびりした散策にはいいところである。大手の酒造元の井戸跡や酒造りの展示館などがあるので見学してみるのも一興。

宮水発祥の地

梅ノ木井戸

平成２６年６月現在、井戸は既に埋められていた。

往時の酒蔵風景：明治の酒ミュージアム酒造館の展示パネルによる。

アクセスMEMO

神戸と大阪のほぼ中間にある西宮市。阪神電車の特急で、大阪梅田からは20分程度。阪神西宮駅から大通りを南へ５分ほど歩けば、幹線道路である国道４３号線に出る。そこが西宮本町の交差点で、南に渡れば宮水井戸場地帯である。周辺には酒造元の看板もあるので難なく到達できる。

立寄りMEMO

宮水一帯には、白鷹・白鹿・日本盛といった大手酒造元の酒造りの展示館や自社銘酒の利き酒コーナーがある。上質の食事処も併設されており、近隣の人々にも利用されている。展示施設はなかなかのもので、日本酒という一つの食文化を感覚的に理解するいい機会にはなる。

トイレも綺麗で、休憩場所としても活用できる。また、直売所には珍しい酒なども陳列されており、器の好きな人々にも楽しめるので気楽に立ち寄れる。

筆者のお薦めは、白鷹　禄水苑。展示施設の白鷹集古館は見学無料（写真左は、かつての宮水輸送用タンク）利き酒コーナーや酒器も充実している。

0798-39-0235

食楽 MEMO　西宮

宮水エリアでは、名水は飲めないので名酒を味わうしかない。ちょうどいい場所は、日本盛の煉瓦館にある「さくら盛」か、白鷹禄水苑にある「竹葉亭」。

写真は「竹葉亭」の料理で、関西風の味付けでなかなかいい。鰻が得意の東京の有名な料理屋だが、関西風の小鉢などもあって和食の伝統が楽しめる。昼限定お弁当はお値打ち価格で充分に楽しめる。　　0798-37-3939

離宮の水（りきゅうのみず）

大阪府三島郡島本町広瀬三丁目　水無瀬神宮内　　　　名水百選

後鳥羽上皇の水無瀬離宮址（現在は水無瀬神宮）にあるため、「離宮の水」と呼ばれている。この名水を後世に継承し、多くの人々が享受できるよう地域住民・企業・行政が一体となって、定期的に水質・水量の検査、清掃が行われている。安心して飲める、まろやかで美味しい水。摂津一番の名水という評価もあり、周辺の人々が頻繁に訪れている。

アクセスMEMO

阪急京都線の水無瀬駅から、線路沿いに京都方面に向かって約900m歩けば、鎮守の森が見えてくる。サントリー山崎蒸留所の直近。車の場合は、カーナビの目的地を水無瀬神宮に設定する。(075 - 961 - 0078)無料の駐車場もある。

)

NOTE 川久保水源の森

離宮の水の水源は、川久保水源の森である。京都府に近い、高槻市から島本町を流れる水無瀬川の源流域の森で、上質の水道水源。昭和 20 年代の 2 度の被害甚大な台風以降、植林が進められ大切に管理されてきた。日本が高度成長期に入る直前の昭和 34 年には、一早く水源かん養保安林に指定され、大都市圏であるにも関わらず乱開発を逃れ、平成 7 年 7 月には「水源の森百選」に選定されている。

御香水（ごこうすい）

京都市伏見区桃山御香宮門前町　　名水百選

御香宮神社の境内に湧く御香水は、現在でも病気平癒の霊水として、あるいは茶道、書道用の名水として有名。明治天皇の御陵に近い桃山丘陵の麓にある。豊富な地下水に恵まれた地域である。

伏見（伏水）は、豊富な地下水を利用した銘酒の酒造元の歴史的な建物が並んでおり、おいしい水には事欠かない地域。伏見七名水などを実際に味わいながらの散策は、のどかで楽しい。西宮の宮水地区とは異なり、名水は現在も潤沢。

伏見城大手門を移築した表門　　写真下は本殿側のご香水

アクセスMEMO

京阪電鉄の伏見桃山駅（またはＪＲ桃山駅）から徒歩２～３分。伏見の酒蔵の町には、京阪電鉄の中書島駅が便利。京都中心部から２０分程度。

近くに御陵や乃木神社があるうえ、徒歩圏に酒造元の酒蔵、十石舟の掘や坂本龍馬ゆかりの寺田屋などがある。大倉酒造や黄桜酒造直営の食事処などがあり、特別な古酒も楽しめる。日本酒党には聖地ともいえる町である。

染井（そめのい）

京都市上京区寺町通広小路上ル染殿町　　御所の名水

京都には、伏見に限らず町の中心部にも飲用に適した優れた水がいくらでもある。元々名水百選などとは次元が違うのである。良い井戸が町中に存在し、それだけでも一冊の本になる。これが千年の古都の基盤となった。

その代表的な存在ともいうべき由緒正しい高貴な水が、御所に隣接する梨木（なしのき）神社の染井。誰でも無料で汲むことができため、自転車などで人々がひっきりなしに水を汲みに訪れている。冷たい美味しい水である（写真左頁、上京区寺町通広小路上ル　駐車スペース無）。

桃の井（もものい）

中京区堺町通二条上ル亀屋町 172

天明元年（1782 年）、若狭出身の初代松屋久兵衛がこの地で造り酒屋を創業。明治 13 年（1880 年）に酒造拠点は伏見に移転したが 、町家は残されて当時の様子が窺える堀野記念館となっている。中庭の井戸からコンコンと湧き出る水が桃の井で、この水が淡麗な切れ味を持つ名酒を生み出してきた。硬度 41 の柔和な軟水で、甘味さえ感じる抜群に美味しい水である。この他、京都では豆腐や出し汁にも井戸水を用いる事が多い。

立寄り MEMO

釘抜き地蔵（石像寺：しゃくぞうじ）の井戸

石像寺は、弘法大師（空海）によって８１９年に創建された寺。遣唐使として唐に渡った弘法大師が、帰国の際に石を持ち帰り、地蔵菩薩を自ら彫った地蔵菩薩が本尊とされている。諸々の苦しみを抜き取ってくださるお地蔵様ということから、「苦抜（くぬき）地蔵」と呼ばれるようになり、その後「くぎぬき」の名で知られるようになった。心身の痛みの平癒を願う人が絶えず訪れる場所で、苦しみを癒された人々は2本の八寸釘と釘抜を貼り付けた絵馬を奉納するという習慣がある。

本堂の壁面に、この絵馬がぎっしりと並んでいる。こじんまりとし寺だが、非常に優しい安らぎの空間である。　　上京区千本通上立売上ル花車町 503

釘抜き地蔵には、弘法大師が手ずから掘ったと伝えられる井戸がある。大きな柄杓で直接汲める浅い井戸。飲用は不適だが、名水ファンには是非訪れたい場所。

NOTE　天然水に浮かぶ千年の古都　京都

京都の町は、巨大な地底湖の上に存在している。その豊かな水が千年の都としての繁栄を可能にし、和の文化を育んできた。美術工芸や日本料理などもこの豊かな清水なしには発展しなかったであろう。

さて、関西大学教授の楠見晴重氏は、地震探査資料、重力探査資料、約 8000 本のボーリング資料から、京都盆地の地下水の賦存量は約 211 億トンと推定している。これは琵琶湖に匹敵する巨大な水量の地下水である。しかも、天然の地下ダムの存在によって、流出する量が少ないために、京都盆地には多量の地下水が蓄えられていることが明らかにされた。そして、この想像を絶する規模の地下水を蓄えた京都盆地を、「京都水盆」と名づけている。この京都水盆の立体画像を楠見教授は、3次元シミュレーションで見事に描き出している。

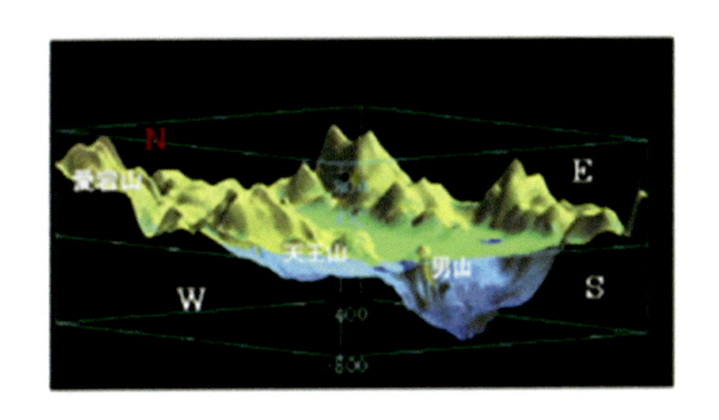

南西から見た京都水盆 3 次元シミュレーション

土木学会 Web 版の「行動する技術者たち」

©http://committees.jsce.or.jp による

食楽 MEMO　京都

「和食:日本人の伝統的な食文化」が、ユネスコ無形文化遺産に登録されたが、その基本は京料理にある。季節ごとの多様で新鮮な食材と、その持ち味を引きだす伝統と技はすばらしい。和食以外の洋食や中華料理もそのレベルは非常に高く、和菓子・洋菓子も抜群である。

京都の食楽については、本一冊でも語りきれない。いい店がいくらでもあるので、ここでは素朴な七草粥（ななくさがゆ）をご紹介しておく。

上賀茂神社の七草粥

お正月の 7 日に七種の野菜を刻んで入れたお粥で、邪気を払い万病を除くという京都の伝統文化。上賀茂神社では、この日に敬神婦人会により接待が行われる。さらに年の始めに白馬を見ると一年の邪気が祓われるということから曳き馬が行われる。素朴だが滋味豊かで美味しい。

なずな　腹痛、肝機能や腎機能の調整。　　ごぎょう　せき、のど。

はこべら（はこべ）整腸作用。　　ほとけのざ　高血圧予防

すずな・かぶ・すずしろ（大根）　整腸作用、食欲増進。

食楽MEMO　大阪

江戸時代には天下の台所と云われた大阪は、京都とともに上方文化の中心であり食楽に溢れた街。かつては「京の着倒れ、東京履き倒れ、大阪食い倒れ」と表現されたように、大阪の人々は「旨いもん」には目がない。キタ・ミナミと二つの繁華街を中心に飲食店がひしめいている。

その中で、浪花情緒の豊かな場所の一つは、ミナミの法善寺横丁周辺であろう。織田作之助の小説「夫婦善哉」の舞台となった石畳の路地に小料理屋、バーなどが軒を並べる。

横丁の西側入り口の看板の文字は藤山寛美、東側は三代目桂春団治によるという上方芸人の街でもある。「行き暮れてここが思案の善哉かな」という織田作之助の碑もある。また、法善寺の水掛不動には参拝者が絶えない。敷地内の井戸から汲み上げた水を「お不動さん」に掛け、気軽に願掛けをしている。分厚い苔に覆われた不動明王の姿には親しみがもてる。

瓜割の滝（うりわりのたき）

福井県三方上中郡若狭町天徳寺　　　　　　　　　　名水百選

この水は、天徳寺の境内奥に広がる森の中の岩間からこんこんと湧き出し、小さな滝の連なる渓流となって流れてゆく。千年以上の昔から質・量ともに変わることなく湧出し続けるすばらしい冷泉である。周辺は「水の森」と呼ばれる修験者の修行地や朝廷の雨乞いの場であったと云われる。

カルシウム・マグネシウムを多く含み、水温は１１.７度という清涼感溢れる名水で、水量は１日に4,500トン。湧水源は鳥居の奥の岩の裂け目であり（写真下）、前の水盤に溢れ出る。

湧水源のすぐ近くには、明るい林に抱かれた趣のある広場があり、景観にマッチした東屋もある。湧水源の側の谷川脇にある給水口で冷たい湧水で顔や手などを洗うと気分も蘇生する。

東屋で名水を味わいながらしばし休憩するのも誠に爽やかである。

耳に心地よい谷川のせせらぎも心身を癒してくれる。

6月下旬、晴天で気温28度の日中に、筆者は撮影のため清流に入ったが、その冷たさには驚いた。

湧出口の直近の水路や水中では、清く冷たい水の岩にしか生息しない紅藻（こうそう）植物が繁殖しており、岩肌は赤く染まっている。

（写真下：水源から８m、水深約２０ｃｍで撮影）。

湧水源からは木製の水道とパイプが目立たないように設置されており、滝のすぐそばの竹の取水口で味わうことができる。下の駐車場にも送水されているので、大量に汲むのなら駐車場が便利だが、湧水源の直近で飲む水は格別。５リットル位までならここで汲んで持ちかえるのがいい。

アクセスMEMO

瓜割の滝へのアクセスには様々な手段が考えられるが、京都市内ないし大津方面からマイカーあるいはレンタカーの利用をお薦めする。

とくにお薦めの経路は、京都の出町（川端通り）から大原を抜け、「途中」という交差点を抜けてゆく国道３６７号線（若桜街道）。旧鯖街道の雰囲気と安曇川上流域の景観を満喫しながら、朽木地区の大きな三叉路で303号線に入れば、熊川宿に着く。そのまま道なりに小浜方面へ下って27号線（丹波街道）の信号を左折して西に向かうと、２～３分で瓜割の滝と天徳寺の看板がある。

帰路は１６１号線（湖西道路）で名神高速道路の京都東インターに向かう。琵琶湖西岸沿いのこの道は、とくに夕暮時の眺めが墨絵のように美しい。

NOTE　鯖街道（さばかいどう）

かつて京の都の一般庶民には、鯖は貴重な動物性蛋白質の摂取源であった。若狭の鯖は塩漬けされて大量に京へと運ばれた。そのため若狭方面から京の都への道は、鯖街道という異名で呼ばれてきた。その代表的な道の一つが若狭街道。

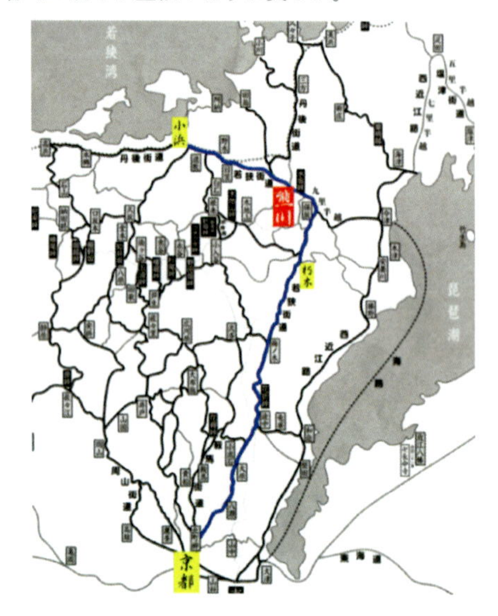

現在この道は、良く整備された快適な道。その上、若狭湾と京都近郊を結ぶ幹線道路である国道161号線の脇街道で、真夏の週末以外は混雑しない。山の緑と川の清流に抱かれた、澄み切った空気に包まれる移動空間である。

（地図は、http://kumagawa-juku.com による）

寄り道MEMO　若狭街道（わかさかいどう）

若狭街道を北上し、「途中」の交差点を過ぎた頃から、一級河川の安曇川の上流沿いの道となる。さらに進んでゆくと川幅が広がり、のどかな集落である葛川（かつらがわ）に着く。ここには目立たないがなかなかすばらしい見所がある。

葛川茅葺きの家

駐車場も見学も無料。伝統的な農家の縁側で、或いは、囲炉裏端の板の間でしばし休息するには良い場所。安らげる和の空間。

（写真右）　077-599-2102

熊川宿

１５８９年に小浜城主が、京の都への鯖の物流拠点として若狭と近江今津との中間点に整備された町。江戸時代には、若狭街道随一の宿場町として栄えた。明治以降、鉄道の影響で街道自体が衰退、熊川宿も物流拠点や宿場としての重要性を失った。それが逆に古い町並みの保存に繋がり、重要伝統的建造物群保存地区となった。瓦葺き、真壁造、塗籠造の伝統的建築が街道沿いに3丁ほど続き、旧街道の宿場町として往時を偲ばせる。町中には水量豊かな水路がある（平成の名水百選）。 古い町家を活用した軽食処や喫茶店等もあるので、ドライブの小休止や散策にいい場所である。

写真右：「葛ぜんざい」まる志ん 0770-62 -0221

鵜ノ瀬（うのせ）

福井県小浜市神宮寺　名水百選

遠敷川（おにゅうがわ）の中流域にある瀬。百合ケ岳（９３１m）の中腹を水源とする遠敷川は、緩やかな流れとなって小浜へ向かう。水汲みという面からは、鵜ノ瀬は魅力に乏しい。公園内に井戸と水汲み場があるが、水量に乏しく水質も不安定。最近は、砂が混入しており、飲用には不適（平成26年6月下旬現在）。歴史的な催事を行う河川としての名水百選なので、飲用の水として期待するのは的外れであろう。

鵜ノ瀬はそれなりに綺麗な場ではあるが、誰が見ても凡庸な瀬のようにしか見えないと思う。初夏には流水もぬるく清涼感にも乏しい。では、なぜ鵜ノ瀬が名水百選なのか。その理由は「お水送り」の神事にあるようだ。

NOTE　お水送り神事

早春の行事として有名な奈良の東大寺二月堂の「お水取り」。これに先立つ３月２日に、若狭の神宮寺では、お水送りの神事が執り行われる。日没後に神宮寺境内での修二会（しゅにえ）に続き、大護摩に火柱が上がる。白装束に身を包んだ僧侶・神官が、さらに白頭巾と白布で口元まで覆うという奇怪な姿で松明を掲げて鵜の瀬に進む。山伏などがこれに続き、大小の松明を掲げた行列は３０００人にも及ぶそうだ。

筆者はこの神事を見たことはないが、鞍馬の火祭には出かけたこともあるので、鵜ノ瀬の宵闇に燃え上がる松明の焔の霊的効果は想像に難くない。鵜ノ瀬が名水百選に選ばれた最大の理由は、この神事であろう。営々と続けられてきた人間の御魂への思いがこの凡庸なる瀬に名水百選という栄誉をもたらしたと筆者は考える。遠路はるばる鵜ノ瀬を訪れるなら、その好機は年に一度の大規模な神事が行われる３月２日であろう。

（写真：若狭小浜観光案内所のパンフレットによる）

アクセス MRMO

瓜割の滝から 27 号線にもどって小浜方面に約８ｋｍ下って、県道３５号線に入る。この道は遠敷川（おにゅうがわ）沿いの緩やかな登りで、約5キロ往くと左側に白石神社と鵜ノ瀬公園がある。瓜割の滝を訪れた際に立ち寄るのもよかろう。

食楽 MEMO　鯖街道（さばかいどう）

京都あるいは滋賀県側から若狭街道を通って瓜割の滝に往く場合には、筆者は山の辺料理の比良山荘で昼食を摂ることをお薦めする。葛川、坊村の集落にある。

外見はのどかな田舎の屋敷風だが、高級な料理旅館であるため、料金のリーズナブルな昼の季節会席をテーブル席で賞味するのが得策と思う。料理のレベルは秀逸であって、夏場は、岩魚、鮎、鯉そして鯉の子などの川魚の妙味を充分に楽しむことができる。　　比良山荘　0775－99－2058

第十一章　近畿の名水

その二

和歌山県、奈良県、三重県

(紀伊、大和、伊勢、志摩)

和歌山県	田辺市中辺路	野中の清水
〃	和歌山市	紀三井寺
奈良県	吉野郡天川村	洞川湧水群
三重県	志摩市	恵利原の水穴

野中の清水（のなかのしみず）

和歌山県田辺市中辺路町野中　　　　　　　　　　　名水百選

　熊野古道の中辺路（なかへち）にある継桜王子（つぎざくらおうじ）の直下に湧き出す清水で、古来涸れることなく旅人の乾きを潤してきた名水。現在も簡易水道の水源として、 地元の人たちの飲料水と生活用水として利用されている。

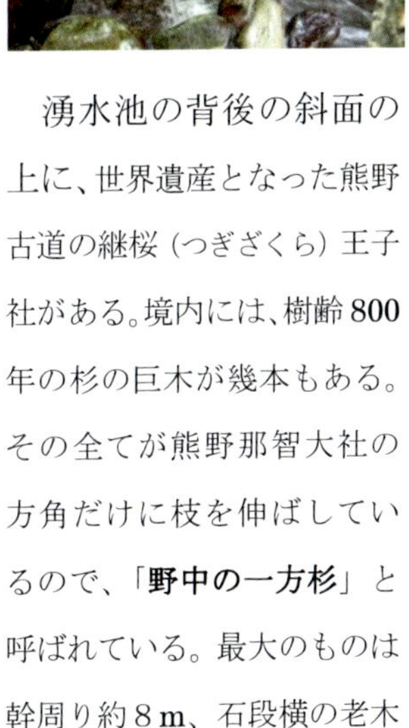

湧水池の背後の斜面の上に、世界遺産となった熊野古道の継桜（つぎざくら）王子社がある。境内には、樹齢800年の杉の巨木が幾本もある。その全てが熊野那智大社の方角だけに枝を伸ばしているので、「**野中の一方杉**」と呼ばれている。最大のものは幹周り約8m、石段横の老木の空洞は、大人が10人以上楽に入れる広さがある。

アクセスMEMO

新大阪駅あるいは天王寺駅からJR紀勢線特急で紀伊田辺に。そこからはレンタカーで約1時間半。カーナビの目的地に住所入力すれば国道311号線でほぼ一本径。近辺に案内があるので迷うことはない。バイクが多いため運転には注意。

立ち寄りMEMO　湯の峰温泉

野中の清水を訪れた際には、立ち寄りたいのが湯の峰温泉。写真のように狭い渓流の中に立つわずか１坪ほどの粗末な小屋が「つぼ湯」で、なんと世界遺産の一部となっている。日本最古の温泉とされる名湯であり、熊野詣の時代には、皇族などの貴人が利用したという。

源泉温度92℃の重曹硫化水素泉で、水で埋めなければ高温過ぎて入浴できないが、心身の蘇生に大きな効果がある不思議な温泉である。筆者もかつて心身ともに最悪の時期に入浴したが、確実に蘇生効果を得た。筆者の知る限りではこの湯に比肩する名湯と思われるのは、恐山境内の薬師の湯のみである。阿蘇の地獄温泉や八甲田山の酸ヶ湯でさえ、つぼ湯には僅かながら及ばないように思う。

とはいえ、最近は入浴希望者が激増したため、週末は常に数時間もの順番待ちとなるようだ（入浴は受付順で３０分間の貸切入浴となっている）。混雑時は、同一源泉の公設浴場もあるので、そちらを利用するほうが無難といえよう。

紀三井寺の三井水 (きみいでらのさんせいすい)

和歌山県和歌山市紀三井寺 1201　　名水百選

紀三井寺には、良質の湧水が得られる「清浄水」「楊柳水」「吉祥水」の三つの井戸がある。寺の名前もそこから生じたようだ。寺は和歌の浦を一望できる名草山（標高 228.7m）の中腹にある。自然林に覆われた柔和な姿の山で、境内には陽光が燦々と降り注ぐ。観音堂からの眺望はすばらしい（写真上）。

清浄水（しょうじょうすい）: 山門を潜って急な階段を登り始めると直ぐ右側にある。ここは試飲も取水もできない。

楊柳水（ようりゅうすい）：清浄水の源泉の前から南に約 **100m** 右側にある井戸で、すぐ脇に取水口がある。水道栓が設置されており、水汲みには便利。開栓するとポンプの作動音とともに、涼感豊かな清水が流れ出す。

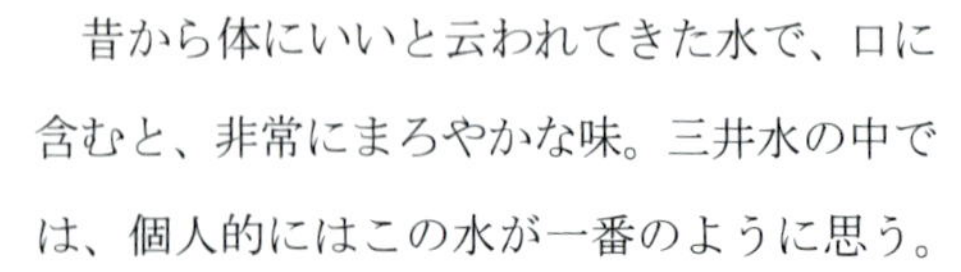

昔から体にいいと云われてきた水で、口に含むと、非常にまろやかな味。三井水の中では、個人的にはこの水が一番のように思う。

吉祥水（きっしょうすい）：境内の外にあって他の井戸とは趣が異なる。山門を出て、すぐ右に入って、住宅街を北へ **120m** 程ゆくと、湧水で潤った広場がある。そこから、赤い手すりの続く階段を **50m**程上がったところに水汲場がある。近隣の人々が頻繁に取水にきている。雨のあとでも濁ることなく、お茶や料理用の水として重宝されている。

食楽 MEMO　和歌山

和歌山城に隣接する料亭のあおい茶寮は、和歌山城付近で唯一美しい庭園のある料亭。手入れの行き届いた植木に囲まれた池を眺めながら、落ち着いた座敷で食事を楽しめる。

料理はなかなかのもので、とくに地鶏の小鍋などは抜群。濃厚な鶏の出しがすばらしい。また、近海で漁れる太刀魚の刺身は和歌山名産のコクのある醤油と相まって美味である。昼食は非常にリーズナブルな値段設定で楽しめる。　要予約　0734－27－3555

アクセス MEMO

早咲きの桜で有名な紀三井寺へは、JR 和歌山駅から紀勢線で二駅目の紀三井寺駅から徒歩 10 分で山門に着く。山門からは 231 段の石段を登る。階段が難儀な人は、和歌山駅からタクシーを利用すれば石段を迂回して本堂横までゆける。車ならカーナビの目的地を紀三井寺に設定。

洞川湧水群（どろがわゆうすいぐん）

奈良県吉野郡天川村洞川　　　　　　　　　　名水百選

洞川湧水群は、吉野熊野国立公園域にある近畿地方を代表する名水の一つ。修験道の霊峰の大峯山麓、標高約 **850m** に位置する。

ごろごろ水

熊野川最上流の山上川（さんじょうがわ）直近の鍾乳洞から湧出する清冽なごろごろ水は、最高水準の天然水である。取水場は完璧に整備されており（写真上：取水・駐車料金込 500 円)、連日多くの人々が水汲みに訪れている。

洞川　：　緩やかな上り坂の道の両側に、木造二階建ての旅館や薬店などが立ち並ぶ洞川は、情緒豊かな山上の別天地。大峯山での山岳修行の基地として千三百年の歴史を刻んできた落ち着きのある空間。今なお山伏装束の修験者の姿を見かけることも多いが、道に面して開放感溢れる縁側などがあって、一般の旅行者にも馴染みやすい安息の場所である。

また、山上川に沿った**洞川自然研究路**は、高低差が小さく、名水散策には絶好の道。ごろごろ水の奥にある母公堂（ははこどう）から川面に降りると、カジカの滝という小さな滝と石灰質特有の美しい彩を放つ淵がある。原生林に包まれた岩間からは湧水が沁み出し、紅藻類も観察される。

トウロウの岩屋・コウモリの岩屋 ： ゴロゴロ茶屋から山上川沿いの洞川自然研究路を下ってゆくと、二つの岩屋がある。いずれも神秘的な雰囲気。

写真左：コウモリの岩屋から観た、山上川の淵。透明度抜群の水の色合いに魅せられる。

大峯山竜泉寺 ： 真言宗醍醐派の寺院で、700年頃に役小角（えんのおづぬ）が、ここで泉を発見し、お堂を建てて八大龍王を祀ったのが起源とされる。大峯山に修行入山する人々の禊（みそぎ）の場で、開放的で美しい寺院。

泉の森

大天井ヶ岳（1439m）の西北を流れる小泉川に流れ込む湧水（県道48号線沿）。御神木の奥にある洞穴から湧出している清水で、地域住民はこの水を“神の水”として大切に保全してきた。湧出量は乏しいが、水質は良好であり、さっぱりした味わいの水である。

すぐ近くでは、この水が流れ込んだ清流を利用してイワナなどの川魚の養殖が行われている。

食楽 MEMO 洞川

イワナを筆頭にアマゴ、アユ、などを、野趣あふれる塩焼きで柔らかな骨ごと食せば、生命も蘇生される。『洞川川魚センター』では、そのいずれもが手軽に賞味できる。とくに、塩焼きとイワナの刺身は絶品。

（電話予約が無難　0747-64-0357）

立ち寄りMEMO

洞川から県道21号線で少し山を下り、川合の交差点を左折して国道309号線を2kmほど走ると御手洗渓谷（みたらいけいこく）がある。

遊歩道は、高低差の大きい急坂路が多いため、少々体力を必要とするが、その景観は素晴らしい。 迫力ある巨大な岩間を駆け下る豪快な清流には、いくつもの滝と淵があり、渓流美溢れる空間となっている。

渓谷を包む、凛とした空気は爽快である。

丹生川上神社（にうかわかみじんじゃ）

国道309号線で大阪方面に向って山を下りてゆくと黒滝村を過ぎてから右側に立派な社がある。これが、日本一古い水の神社である丹生川上神社。かつて朝廷から献上された歴史に従い、今なお境内には雨を祈る黒馬と晴れを祈る白馬が飼育されている。本殿から丹生山上の神前に続く七十五段の急階段の廊下は圧巻である。

アクセスMEMO　洞川湧水群

鉄道とバスの利用も可能だが、山岳地帯であるため現地での移動に車が断然便利。大阪市内からは高速道路を利用して２時間程度。カーナビには洞川温泉で目的地入力すれば難なく到着する。大阪方面からのアクセスでは、道中、古代史の舞台となった明日香村などの風景も垣間見ることができる。

NOTE　吉野熊野国立公園

奈良県・三重県・和歌山県の紀伊半島３県に跨がる国立公園。紀伊半島の中央部から南岸までの広大な地域に分散しており、吉野・大峯山を中心とする山岳部、熊野川流域、熊野灘と那智山一帯の海岸部から構成される。いずれの地区にも日本の秘境という趣が残っている。とくに山岳部は、 信仰上の霊場が多いことと、アクセスも不便であったため、大規模な観光開発を逃れて昔ながらの豊かな自然が残存できた。これが幸いし、2004年には「紀伊山地の霊場と参詣道」として世界遺産に登録されている。道路は年々整備が良くなっており、訪問客も多い。

余談になるが、熊野三山の一つである熊野本宮大社は、現在は岩山の上にあるが、1889年(明治22年)の大洪水で流されるまでは熊野川の中州にあった。明治以降、上流域での山林伐採が加速したため、保水力が失われて大規模な洪水を招き、元の社殿は壊滅した。元の境内は「大斎原」（おおゆのはら）と呼ばれ、日本一高い大鳥居（高さ33.9m）が建っており（写真右下)、霊的空間で散策には好適。

恵利原の水穴（天の岩戸）えりはらのみずあな（あまのいわと）

三重県志摩市磯部町恵利原　　　　　　　　名水百選

天の岩戸からは絶え間なく清涼な湧水と風が吹き出している。この場に佇んでいるだけで、心身ともにすがすがしさに包まれる。心身を浄化する霊的な空間となっている。

天の岩戸は鍾乳洞からの湧水で、水汲みがしやすいように岩戸に竹筒が差し込まれており、そこから勢いよく清水が溢れ出ている。

このすがすがしい場所は、とくに春から夏にかけて、心地良い涼感に包まれる。

伊勢神宮の背後にある神路山塊の志摩側中腹にあるため、周囲は神聖な森に囲まれており、湧水源の周囲の維持には極めて良好な環境である。

（写真＊印のところにある）

真珠王の御木本幸吉が改修したとされる天の岩戸への参道は、岩戸から湧出した清水が流れる美しい小川沿いの緩やかな上り坂。春から初夏にかけては、やさしい林の緑に包まれた散策を大いに楽しめる。

自然な景観を十分に残すよう、できるだけ作為を排して整備されたすばらしい遊歩道であり、真珠王の洗練された美的感覚が窺える。

天の岩戸の水質は選定当時とほぼ変わらない良好な状態であるとされている。年2回、水質調査も行われているようだ。水量は日量31,000トン、PHは7.8で柔らかくおいしい水である。立札によると、飲用の場合には、煮沸を勧めている。

伊勢神宮内宮を流れる穢れなき五十鈴川

神路山を源流とする五十鈴川は、支流島路川と合流し伊勢神宮内宮の西端に流れ出る。そこに御手洗場（みたらしば）があって、古くから、手洗いと口濯ぎが行われてきた。そして流れは境内を出ておかげ横丁の裏の大らかな川となっている。

今なお五十鈴川は心身の汚れを清めるシンボル的な存在。32号線沿に、その源流の１つである島路川の上流を垣間見ることができる。間断なく手入れがされている清流である。

NOTE　式年遷宮の意味

千三百年以上前から、伊勢神宮では20年ごとに「式年遷宮」と称される社殿の建替事業が行われてきた。飛鳥時代に天武天皇が定め、持統天皇が690年に第1回を司って以来、莫大な費用と手間そして時間を惜しむことなく、この神事を続け、多くの人々が遠路参拝してきた。そこには、以下のような含蓄がある。

ⅰ.古神道の根本精神「常若（とこわか）」の体現：常に新たで清浄であることを求める神道精神では、老朽化はケガレ（汚れ・気枯れ）に繋がり、活力の衰退をもたらす。そこで、惜しみなく建て替えることにより、神の生命力の蘇り祈念する。

ⅱ.世代間での熟練技能の伝承：宮大工は、10～20歳代で職業技能習得を開始し、30～40歳代で熟練した宮大工となる。さらに50～60歳代で棟梁あるいは後見役を担う。つまり、20年毎の建て替えで、熟練技能と伝統文化が世代間伝承される。

ⅲ.地域経済の活性化：内宮・外宮をはじめ65棟もの殿舎と宇治橋などの建て替えを行うので、地域としては莫大な有効需要の創出となる。また、平成25年の年間参拝者数は、1420万人を超え過去最高を記録、観光需要の創出効果も大きい。

アクセスMEMO　恵利原の水穴（天の岩戸）

伊勢市駅から、低価格の時間貸レンタカーを利用して、内宮前の五十鈴川公園から３２号線を志摩方面に向かうと、約１ｋｍで伊勢神宮境内へ流れ込む川沿いとなる（五十鈴川の源流の一つ）。10キロほど川沿いで、清流を垣間見るには好都合。その先のトンネルを抜けると、右側に天の岩戸への進入路の大きな表示がある。

食楽 MEMO　伊勢

伊勢神宮（内宮）の参道である「おかげ横丁」には背面が、五十鈴川に面した和の情緒豊かな料理店や甘味処が立ち並ぶ。広々とした和の空間で、食事あるいは喫茶を楽しむことができる。

気に入った店にぶらりと立ち寄ってみるがいいと思う。伊勢牛・松阪牛や手ごねずし（写真左）などを気軽に楽しむことができる。

とはいえ、おかげ横丁で伊勢海老の専門店がないのは少し寂しい気もする。

参考地図

近畿の名水百選

環境省の名水百選のサイト

https://www2.env.go.jp による

第十二章　東海道の名水

滋賀県、岐阜県、愛知県、静岡県

（近江、美濃、尾張、駿河）

滋賀県	彦根市	十王村の水
〃	米原市	泉神社湧水
岐阜県	養老郡	養老の滝・菊水泉
三重県	四日市	智積養水
岐阜県	岐阜市	長良川中流域
〃	郡上市	宗祇水
愛知県	犬山市	木曽川中流域
静岡県	富士宮市	湧玉池
〃	三島市	柿田川
山梨県	忍野村	忍野八海

十王村の水（じゅうおうむらのみず）

滋賀県彦根市西今町

名水百選

古くから知られている湖東三名水の一つ。（他の二つは「醒井の水」と「五個荘清水ヶ鼻」）。

良質の水が絶え間なく湧出しており、溢れ出た清流は小川となって西北に流れ、犬上川に合流して琵琶湖へと注ぎ込む。のどかな町並みの中に自然体で存在している水場で、まことに微笑ましい存在。

この水は、お茶や料理に用いるのもいいが、美肌効果にすぐれているとう評判で、化粧水替わりに用いるご婦人方も多いという。近隣の方々が、頻繁に水汲みに訪れる。

立ち寄り MEMO　彦根城と玄宮園

鳳翔台（ほうしょうだい）：国指定特別史跡「彦根城跡」の域内にある**玄宮園**の築山に建つ建物。かつては、藩主が客人をもてなすための客殿であった。この鳳翔台からの眺望はすばらしく、庭園を鑑賞しながらの薄茶の味わいも格別である。0749-22-2742

彦根では近江牛やビワマスなど、色々な食楽があるが、ここでは、湖国ならではの料理を紹介しておく。それは、淡白ながら味わい豊かな「あゆ雑炊」と小鮎の甘露煮の組み合わせである。あゆの店きむら（彦根京橋店）　0749-24-1157

アクセス　MEMO　十王村の水

琵琶湖畔の名城である彦根城（あるいは彦根駅）から南に約４キロ、住宅地の道路沿いにある。県道２０６号線の西今町南の信号の角に、地蔵を祀った小さな六角堂と鯉の泳ぐ池がある。駐車は約 20m 北側の公民館の駐車スペースを利用。

泉神社湧水（いずみじんじゃゆうすい）

滋賀県米原市大清水　　　　　　　　　　　　　　　名水百選

霊峰伊吹山の南山麓の森からこんこんと湧き出る清水で、千年以上枯渇することなく周辺住民に畏敬の念で大切にされてきた泉。

石灰岩を浸透したまろやかな清水で、水量は１日約４５００トン。

水温約１２．５度、ＰＨ値は約７．５（微弱アルカリ性）で、ミネラルを多く含んだおいしい水である。

伊吹山の南山麓は、豊かな森林が広がり、冬季は多量の雪に覆われるため、水資源は豊富。湧出した水は、姉川や天野川となって琵琶湖に注ぐという、水と緑に包まれた地域である。

泉神社の本殿は樹齢を重ねた高い木々の杜に挟まれた南向きの急な石段の上に聳えているため、質素だが、明るく清潔で陽の気に満ちた空間となっている。

泉神社　御神水拝受所

泉神社の鳥居の前には、清潔で便利な水汲場が設置されている。そこでは境内から引かれた湧水が流れ放しである。近隣の人々がひっきりなしに車で水を汲みにやって来る。無料で好きなだけ汲んで持ち帰ることができる（駐車スペースもある）。ほとんどの人が、10ないしは20ℓタンクを持参して100ℓ以上持ち帰っていた。飲料水として、またお茶や炊飯あるいは料理など口に入るものはすべて、この水を使っているという人が多い。

アクセスMEMO

名神高速道路の関ヶ原ICから、国道365線を長浜方面に走り、大野木の信号を北に入って(右折)、やや狭い道を約600m。ところどころに小さな案内標示がある。車以外にはアクセス困難。JR米原などでレンタカーを調達するのが良かろう。

立ち寄り MEMO　伊吹山（いぶきやま）

麓から離れて眺める伊吹山は、独座大雄峰として圧倒的な存在感を示している。東海道新幹線や名神高速道路からもその威容は多くの人々の眼を惹いてきた。

三島池公園からの伊吹山の景観

とくに、冬の白銀に覆われた姿には眼をみはる。豪雪の山で、1927年2月14日には世界最深積雪記録である積雪量 11.82m を記録している。日本百名山の一つで、滋賀県の最高峰（1377m）。

この山は百名山の中では、きわめて簡単に頂上直下に達することができる山。東名高速関ヶ原 IC を出て米原方面に約 3 km で伊吹山ドライブウェイの入口につく。頂上近くまで2車線の整備された道が続く。カーブも少なく山岳道という感じはしない。あっけなく山頂直下に着く。伊吹山の北側や東側の中腹斜面には、ツキノワグマやイヌワシなどの大物鳥獣が生息している。そのため、特大の望遠レンズで大物鳥獣の姿を狙う動物写真愛好家も多い。

また、植物の種類は 1300 種類にも及び、東側山麓の揖斐川町春日地域では、昔から薬草が採取・栽培されており、入浴用の**息吹百草**（いぶきもぐさ）や良質の「**よもぎ**」も良く知られている。

食楽MEMO　伊吹そば

石灰岩層の山で雪解け水が浸透し、山麓はミネラル豊富な湧水に恵まれている。この水を利用して、非常に良質の蕎麦（そば）が栽培されている。伊吹山の山麓、米原市は日本の蕎麦の発祥地である。地元特産の辛味大根と合わせた「おろし蕎麦」は絶品。そば湯の香りも秀逸。季節の山菜やいわなの天ぷらなどと共に食せば、人間に生まれた「幸福」を実感できる。

筆者お薦めそば店：息吹野　　0749-58-1712

養老の滝・菊水泉（ようろうのたき・きくすいせん）

岐阜県養老郡養老町公園内　　名水百選

養老の滝は「養老改元の詔（みことのり）」から千三百年の歴史を誇る。親孝行の伝説は、よく知られる。菊水泉は、若返りの水と言われている。

濃尾平野の西端に沿って、幅約 10 km、延長約 25 km のピークが連なる養老山地。山頂に至るまで天然の広葉樹林に覆われた風雅な養老山（標高 859 m）。その麓に養老の瀧がある。

「菊水泉」は養老神社境内にあり水質・水量ともに良好な状態を保っている。美味な上、カルシウム・マグネシウム・カリウムなどのミネラル成分を豊富に含んでいる。

階段下の道路脇まで引かれた取水場には、朝早くから人が絶えない。

養老公園

養老の滝と菊水泉のある養老公園一帯は、大規模な観光開発や工業化がされていないため、豊かな自然が残っている。

一帯は「揖斐関ヶ原養老国定公園」のエリア内にある。

目をみはるような景勝地はないが、のどかで和やかな空間。養老公園の一角にある不老池などは、雑木林に囲まれた小さな目立たない池だが、ここには天然記念物のハリヨが生息する。

この野趣に富んだ場所にひっそり佇む老舗旅館の千歳楼がある。養老の地で明治・大正・昭和初期に渡って増築を重ねた数奇屋造りの建物で、登録有形文化財である。唐破風の玄関を入ると、往時が偲ばれる。

稲葉なおと『巨匠の宿』新潮社にも紹介されている日本建築で、魅力ある和の空間。

食楽 MEMO

明治・大正・昭和初期の三つの時代の情緒を偲ばせる普段着の空間。風呂場も温泉ではないが、名水百選に選ばれた菊水泉と同等の水を温めた湯。料理は飛騨牛のしゃぶしゃぶがお薦め。養老地区は美味しい牛肉でよく知られる。名水煮え立つ鍋の牛肉はボリュームもたっぷり。地ビールの滝ビールは、ホップが効いた切れ味のいい仕上り。

千歳楼

（せんざいろう）

0584-32-1118

智積養水 (ちしゃくようすい)

三重県四日市市智積町　名水百選

鈴鹿山脈の御在所岳（ございしょだけ：標高 1212 m）の東側に広がるのどかな農村風景のなかにある名水。

菰野町にある蟹池から湧出する清水を長さ 1.8ｋｍ、幅 1～2mの水路として引き込んで智積町内を流れる。

かつては生活用水として、毎日の米とぎや洗濯等に使われていたため、暮らしを支える智積養水と呼ばれて大切にされてきた。

1972 年に、「地域を美しくしよう」という運動の一環として、地元子供会が養水に鯉を放流し、「鯉の住む街」として地元の人々の憩いの場となっている。

智積用水は、湯の山街道沿いの町を流れる用水路であるが、その水源は菰野町の蟹池である（写真右）。（蟹池は名水百選の西勝寺門前からは約２km 離れている。）

蟹池の湧水は、水路に導かれて、広がりのある美しい田畑の中を菰野町から智積町へと流れてゆく。

途中で金鶏川の堤を三十三間筒という歴史的な水管を通り抜け、桜駅の方へと流れる。開放感のある田園風景の中での水路沿った散策は、都会に暮らす人々には非日常的な癒しの時間となる。

アクセス MEMO

四日市から近鉄湯の山線で約 20 分の桜駅で下車。智積智積用水へは徒歩 5 分程度。蟹池には、駅の東側の国道 477 号線を歩き、金鶏川の橋を越えてすぐの幅広い農道を右に進むと案内板がある。

立寄りMEMO　桑名

智積養水を訪れた際には、桑名の町に立ち寄りたい。揖斐川（いびがわ）河口に面した旧東海道跡地周辺は、情緒豊かなところである。

七里の渡跡と**蟠龍櫓**（しちりのわたしあと　ばんりゅうやぐら）

1601 年に江戸と京都を結ぶ東海道が制定され、桑名宿と宮宿（現名古屋市熱田区）の間は海路七里の渡船と定められ、江戸時代には宿場町として賑わった。また、桑名は伊勢国の東入口でもあったため伊勢神宮の「一の鳥居」が建てられ、以来伊勢神宮の遷宮ごとに建て替えられている。

七里の渡に面して再現された桑名を象徴する建物が蟠龍櫓である。広重の浮世絵「東海道五十三次」でも、この櫓が描かれている。とくに夕方は、この辺の川沿い散歩が素晴らしく、爽快な気分を味わえる場所である。

この他、8 月の第一土日に行われる**「石取祭り」**は、天下の奇祭として知られる。祭車総数 43 台の山車が一堂に会し、鉦や太鼓を打ち鳴らす活気に満ちた祭りである。「桑名石取祭の祭車行事」として「国指定重要無形民俗文化財」に指定されている。

食楽 MEMO　桑名

「その手は、桑名の焼き蛤（はまぐり）」とまで歌われた桑名である。せっかくの機会だから、蛤料理を賞味したいと思うのが人情であろう。それに適した店が何軒かある。筆者は、七里の渡のすぐ近くにある「**歌行燈本店**」がお薦め。

この店ではハマグリを使った種々のメニューが用意されている。焼き蛤はもちろん、蛤うどん、蛤の土瓶蒸し、蛤の天ぷら、蛤のフライなどが楽しめる。

（歌行燈本店：0594-22-1118）

NOTE　蛤（はまぐり）

日本人に非常に古くから親しまれてきた食材で、日本書紀にも記述がある。成分にコハク酸を多く含み、旨みに富む。吸い物やクラムチャウダー、鍋物の具、酒蒸し、焼き蛤、佃煮、土瓶蒸し、串焼き、寿司など、幅広い料理で利用される。ビタミン B1 を分解してしまう酵素アノイリナーゼを含むため、生食には向かない。

少年などが非行に走ることを「ぐれる」というが、この言葉はハマグリに由来し、江戸時代から使われるようになった言葉。ハマグリの貝殻はペアになっている殻以外とはぴったりと合わない。このことから、「はまぐり」の倒語として「ぐりはま」という言葉が生まれ、食い違って合わないことを意味するようになった。これが「ぐれ」と略されるようになる。「ぐれ」が動詞化したものが「ぐれる」である。

長良川　中流域　（ながらがわ　ちゅうりゅういき）

岐阜県美濃市・関市・岐阜市　名水百選

岐阜県郡上市の大日ヶ岳（標高 1709 m）から伊勢湾に注ぐ一級河川。美濃市・関市・岐阜市の中流域は自然環境に恵まれ、サツキマスの遡上、鮎の鵜飼で有名。夕日や夜景の美しい岐阜城跡の金華山には、原生林やシダ類の群生、60 種類以上の鳥が生息する。

水質・水量：約 85 万人の流域人口を抱えながら上流 AA、中流 A の環境基準を達成している清流河川。

アクセス MEMO

鉄道利用なら名古屋から名鉄あるいは JR で岐阜駅下車、バスで約 20 分。自動車ならカーナビの目的地を岐阜城に設定。

NOTE　岐阜城と金華山

岐阜城は長良川畔にそびえる金華山（きんかざん）山頂の城。岩山の上にそびえる城は、難攻不落として知られ、『美濃を制すものは天下を制す』とも言われた。戦国時代には斎藤道三の居城であった。その後、1567年に織田信長がこの城を攻略し、城主となる。その際、信長は「井の口」と呼ばれていた地名を「岐阜」に、「稲葉山城」を「岐阜城」に改めたとされる。

信長は、1576年に岐阜城を息子の信忠に譲るまで、「天下布武」の朱印を用いて城下町の復興に力を注ぎ、楽市楽座の保護など斬新な政策によって岐阜城下に繁栄をもたらした。

現在の天守閣は、鉄筋コンクリート造り3層4階構造で、長良川はもちろん、木曽川を展望できる。遅い時間まで金華山ロープーウェーが運行されているので夕暮れや夜景を満喫できる。また、ロープーウェー乗り場のある岐阜公園は、水路や池を配して小奇麗に整備されており、訪れる人々の憩いの場となっている。

川原町の町並

長良橋南詰の鵜飼観覧船乗り場へ続く情緒豊かな古い街並み。 狭い間口に長い奥行きという京町家風の伝統的な商家が軒を連ねるこの通りは、かつて長良川の水運の港として栄えた。現在では、伝統工芸品の店や和菓子店、飲食店などが営業しており、観光客に町歩き楽しませている。

宗祇水（白雲水）（そうぎすい・はくうんすい）

岐阜県郡上市八幡町本町　　名水百選

昭和 60 年、名水百選の一番手として環境庁の指定を受けたのがこの宗祇水。室町時代の連歌師であった飯尾宗祇が草庵を結んでこの水を愛用したので宗祇水と呼ばれる。かつては、飲用や野菜の洗浄用に利用されたが、現在では「水の生まれる町」郡上八幡の名勝として、シンボル的な存在となっている。

（注：宗祇水に関しては 2013 年の新春に取材したので、冬景色となっている。）

郡上八幡：三方を山に囲まれた美濃の小京都として、和の情緒豊かな静かな町。8 月の郡上おどりは全国的にも有名。

この町で吉田川が長良川に合流するため、川の景観にも優れている。

町は南向きの緩斜面で日当たりがよく、降雪量も多くはないので、冬でもさほど厳しさはない。晴れた日には、凛とした冷たい空気がすがすがしい。

郡上八幡の町全体が水と調和した地域で、小川を配したポケットパークもあり散策に好適。飲食店も適度に並んでいる。

立ち寄りMEMO　白川郷

郡上八幡の宗祇水を訪れる際には、白川郷（合掌の郷）も遠くないので立ち寄りたい。東海北陸自動車道で約80km北上、1時間余。冬季は、スタッドレスタイヤ装着が必要。郡上八幡とは違って、ここは周囲一面が深い雪に覆われた奥飛騨の山村。飛騨トンネルを抜けると美濃と飛騨の大きな違いが一目瞭然である。四季それぞれに良さのある美しい合掌造りの村であるが、一面が白い雪に覆われた山村の景観は格別である。

アクセスMEMO　郡上八幡

JR東海道新幹線の岐阜羽島駅または名古屋駅から、名神高速道路の一宮JCで東海北陸自動車道に入って約1時間。往路または復路のいずれかを国道156号線を利用すれば長良川の中流域も身近に観ることができる。

木曽川（中流域）(きそがわ　ちゅうりゅういき)

愛知県犬山市　名水百選　　名水百選

木曽川は、長野県木祖村の鉢盛山（2446 m）南麓が水源で、御嶽山から流れる王滝川と合流し、寝覚の床(ねざめのゆか)などの美しい渓谷を下る。中津川市に入って流れを西に変え、恵那峡を通って濃尾平野に出て、美濃加茂市の川合で飛騨川と合流する。ここには、旧中山道の太田宿もあり、歴史的な景観が保存されている。この辺から犬山城付近までが、日本ラインとも呼ばれる中流域である。水量は 1 日約 1500 万トンとされる。

名古屋市内の上水道源の清流で、水質は AA とされてきた。しかし、筆者が訪れた 2014 年 10 月初旬には、多くの犠牲者を出した御嶽山の噴火による火山灰により透明度が低下している様子が歴然であった。さらに台風 19 号などによる豪雨によって、降り積もった火山灰が巻き込まれ、しばらくは濁流化することが懸念される。

立ち寄りMEMO　犬山城

江戸時代までに建造された「現存天守12城」の一つで国宝に指定されている。木曽川の中流域を見わたすことができる。ここ犬山から伊勢湾の長島まで、豊臣秀吉が木曽川左岸を築堤した（1590年）。

犬山の名物は、**巌骨庵**の「げんこつ飴」。その名のとおり、店も商品も飾り気のない素朴さが特徴。黒糖で作った飴は、口の中でキャラメルのように柔らかくなる。

また、この店の吉備だんごは、きな粉の風味が素晴らしい逸品。

NOTE 御嶽山（おんたけさん）

長野県木曽郡と岐阜県にまたがる、東日本火山帯の西端に位置する標高3067 mの複合成層火山。古くから信仰の対象になってきた独座大雄峰で、美しい大きな裾野が広がっており、木曽馬の牧場もある（開田高原）。

しかし、その名が示唆するように怖しい山でもある。「嶽」とは硬い岩石のごつごつした山を畏怖の念を込めて表現する文字。2014年9月に発生した突然の噴火は、山頂付近にいた登山者を噴石と火山灰が直撃、一瞬のうちに数十名が命を落とすという大惨事となった。

湧玉池（わくたまいけ）

静岡県富士宮市宮町 1-1　　国指定特別天然記念物

富士山本宮浅間大社の境内にある湧泉で、湧水源の直近に清潔な手水鉢と水汲場が設置されている。国の特別天然記念物の他、平成の名水百選にも指定されている。

湧水はすべて**霊峰富士山**の伏流水である。湧水量は一日約 20 万トンと豊富で、神田川となって流れ出る。神田川にはニジマスが放流されており、地域の漁場となっている。

浅間大社は、全国の浅間神社の総本宮であり、生命力あふれる杜、こんこんと湧き出る霊泉と美しい池、凛として聳え立つ社殿など、その境内はすばらしい。

筆者は初夏に訪れたが、小雨模様の夕暮れ時の境内は、まさしく神の和御魂（にぎみたま）に包まれ、魂が祓い清められる異次元空間の様相であった。

古来、富士道者は、ここで六根清浄（ろっこんしょうじょう）を行って富士登山に向かったといわれる。六根清浄とは、人間の六つの感覚である眼・耳・鼻・舌・身・意を祓い清めることである。そのため、湧玉池の二段目が禊所（みそぎどころ）となっている。かつて霊峰富士の入山者は、湧玉池で身を清めることが第一条件とされていた。現在も、富士山の山開き前には、伝統的神事の禊が行われている。

アクセス MEMO 富士山本宮

鉄道ならJR身延線富士宮駅下車、徒歩10分。車の場合はカーナビの目的地に0544-27-2002（富士山本宮浅間大社）を入力。

忍野八海（おしのはっかい）

山梨県南都留郡忍野村　　名水百選

富士山の伏流水が水を通しにくい溶岩の間を何十年もの歳月をかけて湧き出した湧水池である。周辺は農村風景が保全されており、のどかな雰囲気の中で、霊峰富士の四季折々を映し込む景観が楽しめる場所。

お釜池　：　阿原川沿いに歩くと新名庄川との合流点に出る。のんびりと散策を楽しめる場所。橋を渡った蕎麦屋の脇にある。木立の中に静かに佇むわずか24㎡の小さな池であるが、湧出量は豊富で1日1万5千トン（水温13.5度）。水深は4mもあって中央部分は冴えた青色で湧水の美しさを静かに実感できる。

底抜池（そこなしいけ）

「はんの木材資料館」の庭園内にある湧水池。入場料が必要なので、観光客で混み合うこともなく散策を楽しめる。養殖されているニジマスの大群が見応え充分。

菖蒲池（しょうぶいけ）　と菖蒲池公園

八海の中心部から徒歩５分ほどのところにある。水深50ｃｍの浅い池。水温、水量ともに季節によって変化する。菖蒲池公園は池の奥にある付近一帯の景観と調和したのどかな公園。

観光客も少なく、手入れの行き届いた民家や喫茶店などが点在していて散策には好適な場所である。

鏡池：

　八海の中心部から菖蒲池に向かう道にある池。晴天の好日には富士山がきれいに映ることで人気がある。面積144㎡、水深0.３m、湧水量は１日約1700トン。

濁池（にごりいけ）

　湧池に隣接する面積３６㎡水深５０ｃｍの浅い池で、阿原川に繋がる。湧水量には乏しいが井戸水が混入しているため流水は多く見える。

銚子池：

　八海の中心部から、お釜池に向かう道にある小さな池。７９㎡、水深３m、湧水量は１日約1700トン。

＊注記：忍野八海の湧水池についての水量・水温のデータは、すべて忍野村役場のサイト（2014年7月1日現在）による。

出口池

八海巡りの一番霊場であるが、忍野八海観光の中心部から離れた寂しい場所にある上、直近に駐車スペースも売店もないため、訪れる人は極めて少ない。丘の斜面の緑の杜に抱かれた幽玄を感じる空間で、唯一朱塗りの鳥居と社が設置されている（出口稲荷社）。水深は約５０ｃｍと、浅く平坦な池であり、面積は 1467 ㎡と八つの池では最大。天然の禊の場として活用されてきたと思われる霊的な空間である。湧水量は１日約万 2 千トン。水温は 10～13.5℃。

湧池（わくいけ）

昔から神の水と崇められてきた忍野八海の中心部にあり、面積 152 ㎡、水深４ｍの池。一見地味で印象に乏しい存在であるため、多くの人が素通りしてしまう。しかし、湧水量は、八海中で最大。１日約 19 万トンもの清水を湧出する。

この池の中には、溶岩の間を縫う複雑な横穴があり、巨大な地底湖に通じている。

番外：中池

忍野八海の中で最も観光客で混雑する池が中池である。2～3台の観光バスが同時に到着しようものなら、瞬時に団体客で溢れた喧騒の場となる。この池は、八海には入らない個人所有の池である。

土産物屋の中を通らないと、中央にある深さ9ｍの湧水池を覗けないという商魂たくましい観光化の極みではある。

とはいえ、入場料もなく、名水の水飲み場も設置されているので、これはこれでまた良しといえる場である。

NOTE　涌池の水難事故

湧池の横穴は溶岩の間を迷路のように縫う複雑な隘路であり、その奥で巨大な地底湖につながっている。かつて水中撮影のために中に入ったテレビ関係者2名が、溺死するという水難事故が発生している。

1987年、忍野八海の湧水を紹介する番組の取材のため、テレビ朝日系のスタッフが忍野八海を訪れた。そして、湧池内の横穴にプロダクションのカメラマン2名（ベテランダイバー）が水中撮影のためボンベを背負って潜水した。ところが、潜水可能時間の1時間を過ぎても戻らないため、スタッフが110番通報。遺体回収に2週間かかるという惨事となった。

潜水の際、地元のダイバーが「命綱がないと危険」と助言したが、2人は「洞窟の入り口付近を覗いてくるだけ」と言い残し、命綱をつけないで潜ったため生還できなかったのである。この事故以来、忍野八海の水中に潜ることは禁止となっている。

注記：忍野八海は、富士五湖の山中湖と河口湖の間にある。関東甲信越地区であるので「日本名水紀行　西日本編」という本書に入れるのはやや抵抗があった。しかし、霊峰富士山の湧水ということから、敢えてこの章に取り入れることにした。

アクセスMEMO　忍野八海

遠方の方は、JR新幹線三島駅からレンタカーで東名高速道路の御殿場IC経由、国道138号線で東富士五湖道路に乗り継ぎ、山中湖ICへ。東京からなら中央自動車道河口湖ICへ。いずれの場合もカーナビの目的地は、忍野村役場（0555-84-3111）に設定すると便利。

柿田川湧水群（かきたがわゆうすいぐん）

静岡県駿東郡清水町伏見（柿田川公園内）　　　　名水百選

柿田川は全長わずか1200m程度という、日本最短の一級河川。柿田川公園内の「わきま」（写真左下）から1日約１００万トンという大量の湧水が水源。

晴天の日なら、流水の99.99%は湧水という日本でも稀有な川で、その美しさは格別である（国指定天然記念物）。

この水は富士山に降った雨や雪が三島溶岩流に浸透し、その先端部から湧き出でたものである。水温は季節を問わず15℃前後。流量も年間を通してほぼ一定を保っている。

高度成長期には豊富な湧水を求めた工場進出による排水のたれ流しで水質が悪化し、魚も住めない状態になった。さらに1970年代には護岸のため、部分的に川縁がコンクリートに覆われかつての美しい環境は破壊された。しかし、1980 年代に始まった地元有志のナショナルトラスト運動により工場の移転や清掃活動が行われ、現在では、美しい川が蘇っている。

写真上は第一展望台から望遠レンズで撮影した湧水源（わきま）。右側の青い部分にみるように、湧き出る水で川底の砂地が扇状の模様を作っている。柿田川公園でこうした様子を詳細に観るには、オペラグラスか双眼鏡を携行されることをお薦めする。

撮影 MEMO

写真撮影には水面の反射光をコントロールするために、PL フィルターを装着したほうが乱反射を防げていい。公園内の遊歩道は川沿いにはなく、やや離れた展望台からの観察や撮影となるため、こうした準備があったほうが良いと思う。

柿田川公園内の林間遊歩道を散策すれば、柿田川とその湧水源を観ることができる。とくに第二展望台は必見で、コバルトブルーの「わきま」を見逃すことのないようにしたい。

柿田川公園は、湧水観光の他、水遊びやピクニックも楽しむ人も多い清潔で緑溢れる広々とした空間である。

水汲み場（写真左下）は、駐車場の近くの土産物店や蕎麦屋などの建物の中庭にあり、人々が頻繁に取水に訪れる。口当たりの柔らかいおいしい水である。

ただし、水温は一年を通して約15℃で、凛とした冷たさとまではゆかない。そのまま飲むよりも、持ち帰って冷蔵庫で冷したほうが、より美味しく感じるであろう。

三島の町の中にも、柿田川と同様に富士山の伏流水があちこちで湧出している。なかでも、**源兵衛川**は「水の都・三島」のシンボル的な存在で、駅の南口からすぐ近くにある**楽寿園**の小浜池を水源として、市街地を通り、中郷温水池まで流れる全長 1.5ｋｍの清流。川の中を遊歩道が続いており、**水の苑緑地**までは約 1ｋｍ。水辺の散策に好適で（写真右）、子供達が水遊びをしている光景をよく見かける。

また、小さな湧水公園も点在している。主なものとしては、**白滝公園**（写真右下）、丸池（写真右下）などである。白滝公園では、欅（けやき）林の中に三島溶岩が露出しており、その隙間からの湧水が**桜川**に流れ出る様子を観察できる。柔らかな木漏れ日の親水公園で、趣のある空間である。

アクセス MEMO　柿田川湧水群

JR 三島駅から楽寿園、水の苑緑地等を経由して柿田川公園に徒歩で向かうのが良かろう。疲れたら、帰路は柿田川公園の茶屋でタクシーを呼んでもらえばいい。

食楽MEMO　三島

湧水と清流の町である三島は、おいしい鰻が有名である。きれいな水で充分に泥臭さを除去した上で調理するので格別との評判もある。また、三島では富士山麓の農産物も手近で良好な食材には事欠かない。

それに加えて、三島は伊豆半島の西の玄関口でもあるため、伊豆の食材も豊富である。その一つが、天城山麓の「わさびざわ」の清流で育った**天城紅姫**という特上の「あまご」を贅沢に使った押し寿司。寿司飯には天城産のわさび茎の三杯酢漬けを混ぜ込んでさっぱりとした上品な味に仕上がっている。この「あまご寿司」は三島駅で簡単に手に入る。

NOTE　アマゴ

アマゴは、ヤマメと近縁種で体側に朱点が散在しているのが特徴の川魚。関東以南の太平洋側、四国、西日本の河川（上流）に棲息する日本特産の魚である（ニジマスは、明治以降にアメリカから移入された外来品種で養殖が比較的容易）。伊豆半島では清流の最上流部に棲息している。 アマゴは、従来大きくても 30cm 程度であったが、養殖技術の向上により、３年以上の歳月をかけて１．２ｋｇ以上の大型品種が飼育されている。身は薄いサーモンピンクで、淡泊だが旨みのある上品な味。

食楽余談　こだま号の自由席も、素敵なレストラン

遠方の方々が富士山麓の名水を訪れるには東海道新幹線の三島駅が起点の一つとなろう。三島駅でレンタカーを手配し、富士山をぐるりと一周するのもいい。途中、忍野八海（山梨県の名水百選）にも立ち寄ることができる。豊かな自然に育まれたおいしい農産物も豊富である。朝霧高原付近でフルーツを購入し、三島駅の駅弁を楽しむというのも一興。

帰路の新幹線こだま号での夕食は、あしたか牛弁当。愛鷹山（あしたかやま）は富士山南麓にある標高 1187m の山。美しい茶畑が多いその南麓で、あしたか牛は飼育される。黒毛和種交雑種の統一名称で、厳選された牛肉。肉は柔らかく、コクのある自然な脂質が特徴。この牛肉を素材に、やや薄味仕立てに仕上げたものが「あしたか牛すき弁当」。くどい味付けを避けて、白ご飯とよく調和したさっぱりとした逸品。デザートは山梨県産の桃とプラム。

こだま号は、のぞみ号と異なり、自由席でも空いている。ゆったり席を占領し、テーブルにフルーツを並べてみた。たちまち芳香が席に広がり、目も楽しませてくれる。まるでセザンヌの静物画を観ているようだ。景色を楽しむことのできない夜の新幹線も、名水が育んだ食物で楽しい時間となる。

立ち寄り MEMO

富士宮市には、**白糸の滝**（しらいとのたき）がある。日本の滝百選、国の名勝、天然記念物であり「富士山」の構成資産の一部として世界文化遺産にも登録されている。

また、富士山の南西麓に広がる朝霧高原の風景もすばらしい. 国道 139 号線沿いの「まがいの牧場」は休息や軽食にも好適で、畜産品や山梨産の果物等が豊富に揃っている。浅間大社からは 20 km程の距離だが、道は快適なので、車であれば是非立ち寄りたい。

参考地図　東海の名水百選　（環境省の名水百選のサイトによる）

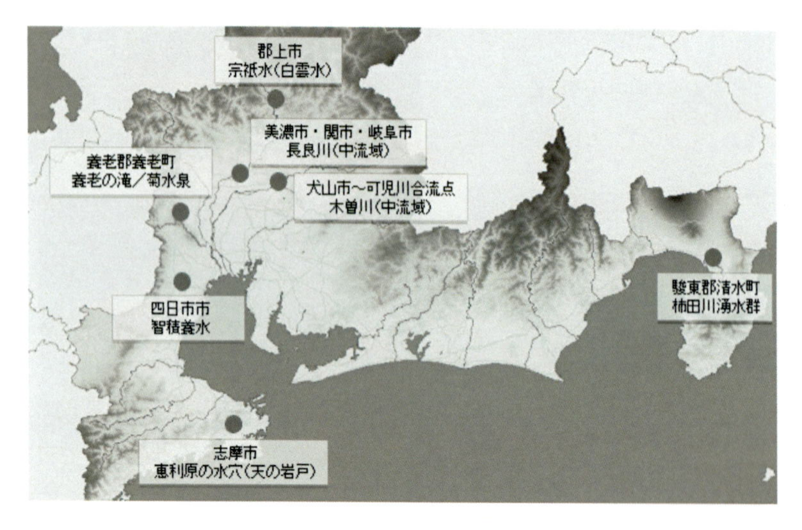

第十三章　北陸の名水

その一

福井県、石川県
（越前、加賀）

福井県	大野市	御清水
	〃	義影清水
	〃	本願清水
石川県	白山市	弘法池の水

御清水（おしょうず）

福井県大野市

名水百選

福井県の静かな城下町である大野の町では、極めて良質の泉が湧出する。なかでも、御清水は大野の湧水のシンボル的存在で、名水を汲む人が次々に訪れる。御清水は、非常に清潔に維持されており、水汲場の周辺は涼感に富んだ空間である。

大野は湧水に恵まれた町で、湧水量は日量５００トン。湧水は生活に密着しており、市民の憩いの場にもなっているという。のどかな町の名水探訪は楽しい。

御清水の水汲み場は、堀の水中を観るといくつかの場所で気泡が立ち上っている。透明度は高く、夕方の弱い光の中でも、１０m以上離れた堀の石壁も鮮明に映る。水面に浮遊物はなく、この場が大切に維持されていることが窺える。

義影清水（よしかげしょうず）

御清水からすぐ近くにある公園で、戦国大名の朝倉義影の墓がある。絶滅危惧種の陸封型イトヨが生息している（義影イトヨ保存会による：2013 年３月時点の表記）。

池の底のあちこちから水が湧き出しており、それにたなびく水中植物の緑が美しい。

この公園は、子供たちがブランコで遊んでいるなど、ごく日常的な風景であるところに良さがあり、微笑ましい空間である。観光スポット化していないさりげない佇まいに、のどかな町に溶け込んだ水の郷の風情がある。無料の駐車場もあって立寄るには便利。

本願清水イトヨの里 (ほんがんしょうず)　平成の名水百選

　平成の名水百選に選定された、非常によく整備された湧水池。良質の湧水を活用し、天然記念物の陸封型イトヨを守る市民の情熱が結実した場所。

イトヨは、トゲウオ科の淡水魚で、体調約 10cm。合計６本の棘がある。成熟したオスは、赤色の婚姻色を発現させる。若い個体は群れで生活するが、成熟後のオスは縄張りを作り、他のオスを激しく追い払う。縄張り内の川底にトンネル状の巣を作って、メスを誘って産卵する。オスは産卵後も巣に残って卵を保護する。

　寿命は僅か 1 年で、オスメスとも産卵が終わると、ほとんどが死んでしまう。美しい湧水の中での儚い生涯である。

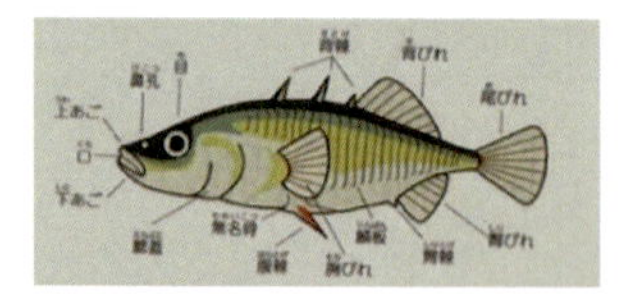

アクセスMEMO

JR 福井駅から１５８号線（美濃街道）で、大野に向かって２０分ほど走ると、珍しい和風建築の櫓のような建物が並んだ堰が見えてくる。これは、「足羽川頭首工（あすわがわとうしゅこう）」という名の農業用灌漑施設である。平成２０年の完成以降、２０００ha 以上の田畑を潤している。ここを過ぎると、山間部の道となるが、レーンの広い快適なバイパスも整備されており、約２０分で大野盆地に入る。

田畑の広がりの中に、まるで浮島のようにぽっかり浮かぶ亀山、その頂上にある大野城が訪れる人を迎えてくれる。

食楽MEMO

大野で食を楽しむ場として、筆者は「寿楽山」をおすすめする。大野の町から車で５分ほど離れたのどかな処にある。建物の設えも良い上に、すぐ背面に迫る山裾からの涼風に包まれる庭もあって、ゆったりと寛げる空間である。凛とした風貌ながら率直で気さくな女将さんなので、居心地もいい。地場の料理の他、ダイニングバーでピザなどもリーズナブルな値段で楽しめる。　寿楽山　0779-66-2455

立ち寄りMEMO　平泉寺白山神社（へいせんじ）

越前では古くから白山信仰の隆盛をみた。その一つが福井県勝山市の、平泉寺白山神社である。養老元年（717年）に泰澄が開山したとされ、中世以降、最盛期には48社36堂6千坊、僧兵8千人を擁する宗教都市を形成していた。現在、発掘調査と周辺整備が進められ、その全貌が明らかになりつつある。

境内にある旧玄成院庭園は、昭和5年（1930年）に国の名勝に指定され、周辺は国の史跡に指定されている。白山国立公園特別指定区域、「美しい日本の歴史的風土100選」等にも選定されている。境内の庭一面に広がる苔は、木漏れ日に彩られ、西芳寺（京都の通称「苔寺」）に並ぶ美しさともいわれている（写真下）。

また、参道（日本の道百選）は、緩やかな斜面の颯爽とした林の中を古い石畳が続いている。筆者が立ち寄ったときにはカモシカの姿を間近に観ることができた。大野からは車で20分程度。

NOTE　白山

白山（はくさん）は、富士山、立山と共に日本三名山（日本三霊山）の一つである。福井県、岐阜県、石川県、富山県、の4県にまたがる両白山地の中央にある御前峰（ごぜんがみね）が最高峰で標高は2,702m。山頂周辺は、成層火山で、1659年の噴火が最も新しい。白山とは御前峰を中心とする山塊の総称である。

白山スーパー林道は、よく整備された道で、晴天の日には御前峰が一望できる。立山ほど混雑することはなく、山岳や滝・渓流の風景を堪能できる。

白水湖（しらみずこ）

なんといっても白水湖の美しいコバルトブルーは印象的である。この湖は、かつて一度消滅したが、大白川ダムよって甦った人造湖。国道156号線の白川郷平瀬から林道同然の狭い県道451号線の終点にある。白山は、火山活動による火成岩の山であるが、別山は隆起による水成岩の山。白水湖は白山系の地獄谷の硫黄分等を含んだ水と、別山系の箱谷・タロタキ谷から流れ込む水が混ざり合うことによって、この不思議な色彩と透明感が維持されているのであろう。

弘法池の水（こうぼういけのみず）

石川県白山市釜清水町　　名水百選

岩穴の底から湧き出る清水で、その形状から「釜池」とも呼ばれる。ここにもまた、弘法大師が親切な老婆に感謝し、お返しに手にした錫杖（しゃくじょう）を岩に突き刺したところ、水が湧き出たという伝説がある。

元々は手取り川の川床にできた甌穴（おうけつ）であるようだ。そこから良質の湧水が溢れており、水量は乏しいようだが清涼感のある美味しい水である。付近一帯は、手取川によって形成された河岸段丘で、その河岸段丘が侵食されて、美しい手取峡谷となっている。

アクセスMEMO

国道157号線の吉野工芸の里の100mほど東の下吉野の信号を曲がり、橋を渡ってすぐの小道を右折する。

立寄りMEMO　手取渓谷（てどりけいこく）

霊峰白山の北西山麓にある手取渓谷（白山市吉野）は、切りたった両岸の岩、多くの滝、岩間から湧出する無数の泉、そして美しい瀬と緑の林という完璧な渓谷である。夏の渓流遊びの場としては、鳥越村綿ヶ滝の周辺は理想郷。「鳥越村綿ヶ滝いこいの村」はピクニックにも好適。広い駐車場もあって便利である。

北陸（その一）　名水探訪旅行PLAN

この章で紹介した名水探訪は、JR福井駅（航空便なら小松空港）を起点とするレンタカー旅行なら、1泊2日で十分な行程（但し、白水湖をも含めると少々きつい）。第一日目は、勝山の平泉寺を観てから、御清水など巡って大野泊。翌日は、大野から、白峰温泉経由で弘法池の水と手取渓谷を観る。運転を厭わないのなら、そこから白山スーパー林道経由で霊峰白山を一周し、九頭竜川沿いに下って福井に戻るというのが良いかと思う。

第十四章　北陸の名水

その二

石川県、富山県
（能登、越中）

石川県	七尾市	御手洗池
	〃	藤瀬の水
	輪島市	古和秀水
富山県	下新川郡	黒部川扇状地湧水群
	中新川郡	穴の谷の霊
	〃	立山玉殿の湧水
	砺波市	瓜裂清水

御手洗池（みたらしいけ）

石川県七尾市三引町　　　　名水百選

歴史的な霊泉で、赤倉神社背後の森にある神秘的な空間。筆者が訪れた夏には、周囲の遊歩道が草深く散策は見送らざるを得なかった。訪れるなら春秋がよかろう。小さな水汲み場があるが、水量は乏しい。

アクセス　MEMO　御手洗池

金沢方面から能登山里海道を走り、徳田大津 JC で七尾方面に進む。高田 IC を出て U ターン。高速下をくぐり、高速道路に沿って約２ｋｍ戻る。三引の信号を左折して 600m ほどで赤倉神社の鳥居がある。その鳥居の横の坂道を登ると到着する。迷いやすいので、赤倉神社あるいは「赤蔵山いこいの森」を目指すといい.

NOTE　能登半島

能登半島（のとはんとう）は、日本海側の海岸線では最も突出面積が大きい半島。半島内部は、標高 200 m から 500 m 程度のなだらかな丘陵地帯が続いており、高い山はないが、平地も少ない。海岸線を主体に広い範囲が能登半島国定公園に指定されている。

「能登はやさしや土までも」との言葉があり、人間も土も穏やかで優しいと言われてきた。富山湾に面した海岸を内浦、日本海に面した海岸を外浦と呼ぶ。他の北陸の地域と比べ、夏はやや涼しく、冬は比較的雪が少ない。

古和秀水 (こわしゅうど)

石川県輪島市門前町鬼屋　　名水百選

總持寺祖院の山中にある湧水。「子には清水（しゅうど)、大人には酒になる」という伝説からコワシュウドと名付けられたという。總持寺でもお茶の水として愛用されている。

さすがに名刹（めいさつ）の水汲み場だけあって、辺鄙な片田舎の山中ながら洗練された空間に仕上がっている。能登半島を代表する名水庭園である。

道路を挟んですぐ下には名水を引き込んだ池泉式庭園がある。紅葉の時期の野点などは、さぞ良い雰囲気である事が容易に想像できる。

アクセスMEMO

のと里山海道の穴水ICから、県道7号線で門前町に向かう。あるいは海岸沿いの249号線で門前町に向かう。カーナビの目的地は、總持寺祖院。

食楽MEMO　超高級しいたけ「のとてまり」

奥能登原木しいたけ活性化協議会は、以前から品質の良い原木シイタケ「のと115」で知られている。これは、鳥取県の日本きのこセンターが開発した原木椎茸の品種・菌興115で、奥能登の気候に適して大きく育つことが注目された。しいたけ栽培はハウスと路地（写真右下）の双方があるが、冬の寒さの中で育った路地ものの原木しいたけが、肉質がきめ細く、香りもよい。「山のアワビ」とも評され、最近では「のとてまり」という超高級ブランド椎茸も出荷されている（冬季）。「のとてまり」とは、かさの直径8㎝以上、厚さ3㎝以上、巻き込み1㎝以上という基準を満たすもの。希少価値があり、一つ2000円を超える値段も付いている。

藤瀬の水 (ふじのせのみず)

石川県七尾市中島町藤瀬

荒廃化が進んでいた周辺農地が「ふるさと農園」事業によって、藤瀬霊水公園として整備され、地域の活性化に寄与してきた。地域の住民の方々の尽力で、手入れは行き届いている。平成の名水百選に選定されている。

林の中の地蔵像の側が湧水源。水汲み場は広く清潔。

アクセスMEMO

能登山里街道で横田ICから県道23号線沿い約3ｋｍ走ると大きな看板が出ているので分かりやすい。藤瀬霊水公園には、駐車場、売店、蕎麦屋などがある。

能登　名水探訪旅行 PLAN

能登の名水探訪は、JR 金沢駅（あるいは富山駅）を起点とするレンタカー旅行が便利。前日夜に金沢（富山）に入っておけば、１日で充分回れる。

ところで、能登の名水探訪はやや地味なため、遠路はるばる訪れるのは多少の逡巡もあろう。そこで、金沢起点なら「渚ドライブウェイ」を走ってみるのも良かろう。一般の自動車やバスで砂浜の波打ち際を走ることができる日本で唯一の道路で全長約８ｋｍ。砂浜に道路標識が設置されている。世界でもアメリカのデイトナビーチ、ニュージーランドのワイタレレビーチの３ヶ所だけと言われている。

また金沢の割烹で日本料理を楽しむのも良い。金沢には新鮮な魚介類や滋味豊かな野菜が集まり、調理技術も卓越した店が多いからである。

黒部川扇状地湧水群（くろべがわせんじょうちゆうすいぐん）

富山県下新川郡入善町　（しもにいかわぐんにゅうぜんまち）　名水百選

杉沢の沢スギ（天然記念物）：黒部川扇状地の海岸近くには、水量豊かな湧水地帯が広がっている。これが、黒部川扇状地湧水群である。その中でも杉沢は必見である。親木の根元から出た枝が曲線を描きながら根付いて増えてゆくという伏状更新（ふくじょうこうしん）という性質の沢スギが群生する林である。平野部ではここでしか見られない貴重な存在で、実に幻想的な空間である。

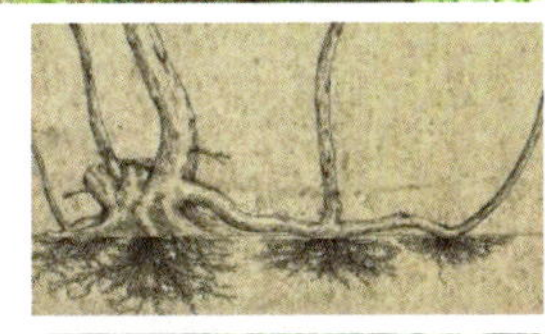

地下水位が高く、地表のすぐ近くまで水分が豊富な杉沢では、低い枝が地面についてそこから根を張る。

そのため、まるで大蛇が地面を這うような曲線を描いてから、上に伸びている。極めて非日常的な景観である。他の場所では経験できない、独特の植物生態系が生み出す適応力の妙を体感できる。

沢スギの林は、木製の遊歩道が張り回らされており、気軽に自然散策ができる。林の外に隣接して資料館や、自噴水と思われる泉と広い芝生の庭、駐車場、清潔なトイレもある。

アクセスMEMO

黒部川扇状地湧水群には、富山駅からカーナビにJR北陸本線入善駅で入力。主に国道8号線で約1時間。直接杉沢に行くのもいいが、黒部峡谷を遊覧してから回るのもいい。時間がないなら、扇状地の起点である宇奈月温泉に立ち寄るだけでも清流の景観は楽しめる。**穴の谷の霊水**から近いので、セットで回るのもいい。

黒部川扇状地は、宇奈月町愛本を扇頂とする、扇頂角60度、扇端までの距離13.5kmという日本最大の扇状地である。水量は、愛本で年間28億トン、そのうち約14億トンは発電兼灌漑用に分水され、残り14億トンは黒部川本流に流れるが、その一部は地下の伏流水となって浄化される。この水は、扇央部では井戸を介して飲料水などの生活用水などに使われる。扇端部では湧水や自噴水となっており、それが黒部川扇状地湧水群である。

黒部川扇状地湧水は昔から「清水（しょうず）」と呼ばれ、人々の生活を潤してきた。生地（いくじ）駅などの清水や点在する共同洗い場では、現在も湧水が、飲用や野菜洗いなどに利用されている。

（写真左上から時計回りに、五十里・生地駅・高瀬の清水、神明町の共同洗場）

NOTE　黒部川

黒部川の源流は、北アルプスの鷲羽岳（わしばだけ）や黒部五郎岳付近に広がる草原台地「雲の平」であり、立山連峰と後立山連峰の間の深いV字谷を急流となって日本海に駆け下る。その水質はカルシウムなどが少ない軟水で、日本有数の清流である。夏まで残る雪が、夏期にも豊かな水量をもたらしている。

黒部峡谷鉄道のトロッコで、宇奈月温泉から終点の欅平（けやきだいら）までは80分の長丁場だが、峡谷の美しさに魅せられて、あっという間に到着する。

黒部川扇状地湧水群は、黒部川の両岸の海岸線のすぐ近くなので、湧水群を訪れた際には、黒部川の土手に立ち寄って、河口の景観を観ておきたい。夕暮れ迫る時間帯の富山湾にそそぐ黒部川の河口は非常に美しい。

穴の谷の霊水（あなんたんのれいすい）

富山県中新川郡上市町黒川　　名水百選

穴の谷の霊場の駐車場から林の中の参道（北陸自然遊歩道）を約５分、108段の石段を下った谷間に薬師堂があり、薬師如来像の背面にある洞窟から尽きることなく湧き出る水。難病に効く霊験あらたかな霊水とされ、日々参詣者が絶えることはないといわれている。

厳しい冬の時期も閉鎖されることなく、年中無休で運営されている。湧水から湧出した水は飲用が主だが、こんにゃくや醤油など加工食品の材料としても利用されている。

全国各地から、病の治癒を願って多くの人が水汲みに訪れている（約８０％は富山県外という）。水汲み場は、水道栓が設置されており、自由に好きなだけ汲める。

砂岩の層（写真右）で濾過された湧水で、水温 15.2 度 ph6.6 の軟水。極めて口当たりの柔らかな湧水で飲用に好適である。

筆者が訪れた際にも、数名の方々が水汲みに来ていた。２０リットルタンク数個という大量取水のため、規定のタンクを持参で、階段の上りにはタンク用リフトを利用していた（有料）。そして、参道入口までは台車で運ぶ（台車は入口で貸与）。

この様子からも、「難病に効く水」という信仰の根強さが窺える。

アクセス MEMO

北陸自動車道滑川（なめりがわ）IC から 20 分程度。カーナビで目的地に、穴の水霊場（あなんたんのれいじょう）を入力すればガイドしてくれる。富山駅からは高速を利用せずに国道 8 号線を走っても 1 時間程度で到着できる。

立山玉殿の湧水（たてやまたまどののゆうすい）

富山県中新川郡立山町　　　　　　　　　　　名水百選

立山黒部アルペンルートの立山トンネル工事の際に標高 **2450m** 付近で湧出した大量の地下水で、室堂まで引かれている名水。霊峰立山の主峰雄山直下から湧くその豊かな水は、**2～5℃**と非常に冷たく、登山客や観光客の喉を潤している。冬季には凍結する。

水量は一日２トン、真夏でも5℃以下という冷たさで口当たりが柔らかく美味しい水。一説には250年もの間地中に浸透してから湧出するという。花崗岩や変成岩によって不純物が濾過され、ミネラルを適度に含んだ名水とされている。

夏にこの水で顔を洗うと、最高の気分に浸ることができる。雄大な山々の稜線、緑豊かな高原、汚れなき空気と爽やかな風、雷鳥や珍しい植物の姿などを気軽に楽しめる。

名水を汲んだ水筒を携えての標高2400m前後の高原遊歩道の散策は快適ある。

立寄りMEMO

室堂の遊歩道で約１５分、**みくりが池**の側にある、**みくりが池温**は、日本最高標高の温泉施設。硫黄白濁泉で、水中では青色に映る。疲労回復には抜群の湯である。（写真左）。

NOTE　立山

立山（たてやま）は、古くから山岳信仰の山として、日本三霊山の一つとされてきた。また日本三名山、日本百名山、新日本百名山、さらに花の百名山にも選定されている。飛騨山脈（北アルプス）北部の立山連峰に位置する山で、雄山（おやま、標高 3,003 m）、大汝山（おおなんじやま、3,015 m）、富士ノ折立（ふじのおりたて、2,999 m）の 3 つの峰の総称。中部山岳国立公園を代表する山塊の一つである。劔岳とならび、日本では数少ない、現存する氷河を有する山である 。

アクセス MEMO

立山玉殿の湧水を訪れるには、立山黒部アルペンルートを利用するしかない。一般車の通行はできない。富山側あるいは長野県側からバス等を利用して室堂に行く道である。富山駅からの行程は、まず、富山地方鉄道（地鉄）の電車で、立山駅までゆく。途中天気が良ければ、立山連峰を車窓から眺めることができる。また、常願寺川の上流域の美しい清流も目に入る（写真左）。立山駅からは、ケーブルカー７分で美女平に登り、そこからバスで４０～５０分で室堂に到着する。立山玉殿の湧水は室堂駅のすぐ外にある。周辺は、気軽に高原散策を楽しめる。

食楽MEMO　富山

水深が深い富山湾の特産品は白エビとゲンゲ。いずれも深海にしか生息しない。白エビは庄川海谷、神通海谷、および常願寺海谷の３ヶ所が漁場。刺身、唐揚げが一般的。ゲンゲは、冷水性の深海魚で、種類は多いが、「ノロゲンゲ」が一般的に食用に供されている。寒天質がもたらすそのプリプリとした食感が特徴で、唐揚げの他、汁物や鍋物にも用いられている。深海魚類の料理は珍しいので（他には沼津が有名）、非日常感がある。

写真：右上から時計回りに、白えびの造り、サス（カジキ）の昆布〆、ゲンゲの唐揚げ、富山県産豚のローストポーク

瓜裂清水（うりわりしょうず）

富山県砺波市（となみし）庄川町金屋　　名水百選

１４世紀後半の浄土真宗の僧侶で、越中国を中心に活躍した綽如（しゃくにょ）上人がこの地で休息された折り、馬の蹄が突然陥没し、そこから冷たい清水がこんこんと湧き出たという言い伝えがある湧水。庄川水記念公園の近くのひっそりとした空間。水量は乏しい。

アクセスMEMO

北陸自動車道砺波ICを出て、国道156号線で庄川水記念公園へ行く。分かりにくい場所なので、庄川水記念公園で地元の人に道順を聞くのがベストと思う。そこからは近いので5分程度で到達できる。

NOTE　砺波平野の散居村

砺波（となみ）平野を流れる庄川は、頻繁に氾濫を起こした。そこで、地域の住民は周囲より若干高い部分を選んで家屋を建て、周囲を水田にした。そのため、一般的な農村のように住居が集まった集落とは全く異なる散居村となっている。

隣接する住居等は全くない独立家屋のため、厳しい風雪に晒される。そこで、家屋の周囲に「カイニョ」と呼ばれる樹木を植えて対処してきた。カイニョは、普通は高く聳える杉が多く、農家の周りを囲んでいる。また、栗・柿・梅など果樹や、女の子が生まれると桐の木なども植えられてきた。

「高（土地）を売ってもカイニョは売るな」「塩なめてもカイニョを守れ」と大切にされてきたので、30mを超すような高木に囲まれた大きな屋敷が田園のあちこちに点在しており、まるで鎮守の杜のようにも見える。あるいは、田園に浮かぶ島のようにも見える。

日本国内最大の散居村とされる砺波平野では、およそ220 平方キロメートルに7,000 戸程度が散らばっており、独特の景観となっている。16～17 世紀から、ほぼ変わらない風景といわれる。

立寄り MEMO　おわら風の盆

おわら風の盆（おわらかぜのぼん）は、富山市内を流れる神通川の支流である井田川流域の八尾（やつお）地域で毎年 9 月 1 日から 3 日にかけて行われる富山を代表する祭りである。

越中おわら節の中、坂が多い町の道筋で無言の踊り手たちが洗練された踊りを披露する。

この祭りは元江戸時代の禄期に始まったといわれ、哀調豊かな胡弓と三味線に合わせた優雅な女踊りは多くの来訪者を魅了する、

踊り手と地方衆（唄、三味線、胡弓）が踊りながら町内を練り歩く町流し、地方衆の周りを巡る輪踊り、そしてじっくり鑑賞できる舞台踊りがあって、それぞれに趣が異なりとてもいい盆である。

NOTE　フォッサマグナ(Fossa Magna)

フォッサマグナは、本州の中央地溝帯で、東日本と西日本の地質学的境界領域。ラテン語の Fossa Magna は、「大きな溝」を意味している。ドイツの地質学者ナウマン (Heinrich E.NAUMANN) はこの地質構造の異なる西側のラインが糸魚川から静岡にまで至るのを発見し、1885 年に論文として発表した。

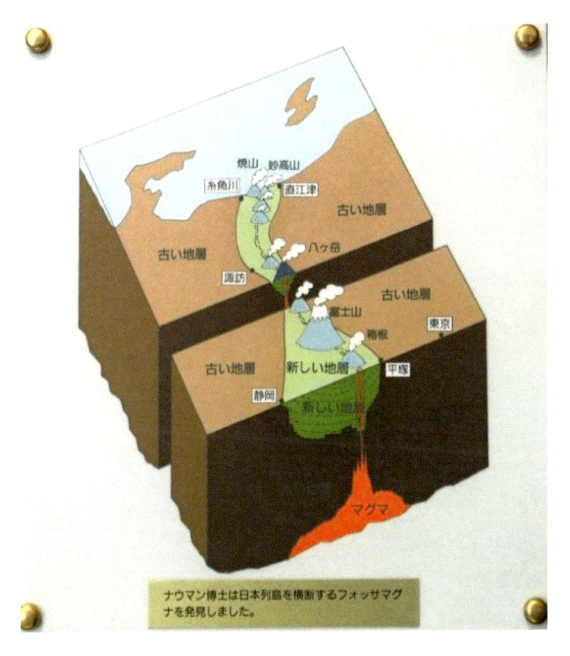

フォッサマグナの中央部を、南北に火山の列が貫く。北から新潟焼山、妙高山、草津白根山、浅間山、八ヶ岳、富士山、箱根山、天城山等である。これは、フォッサマグナの圧縮によってできた断層にマグマが貫入して、地表に噴出しやすかったためである。

この地域は数百万年前までは海であり、地殻が移動したことに伴って海の堆積物が隆起し現在のような陸地になったとされている。約 2,000 万年前に、プレートの沈み込みに伴い日本海が広がり、日本列島は大陸から離れた。その時点で日本近海の海溝は向きが異なる南海トラフと日本海溝だったため、本州中央部が二つに折れ、その間には日本海と太平洋をつなぐ海となっていたと推定されている。(写真：糸魚川市のフォッサマグナミュージアム 025-553-1880 の展示パネルによる)。

富山　名水探訪旅行 PLAN

まずは、旅行日程を９月１～３日に設定すべきと思う。せっかく遠路出かけるのであれば、「おわら風の盆」を見過ごすのはあまりにも惜しい。

さて、行程プランだが、１泊２日なら、富山入りした第一日目にレンタカーを調達して穴の谷の霊水と黒部川扇状地湧水群の杉沢の沢スギを訪ねて富山泊。その夜８時頃から（夕刻は観光客で混雑するので避けたい）、JR で越中八尾に行き、おわら風の盆を楽しむ。翌朝、富山地鉄で立山玉殿に行くというプラン。２泊する余裕があるなら、宇奈月からトロッコで黒部峡谷に遊山するのもいい。

いずれにせよ、2015 年から富山まで新幹線が延長されるので、関東方面からのアクセスは飛躍的に好転するであろう。

参考地図　北陸の名水百選

環境省の名水百選のサイト https://www2.env.go.jp による

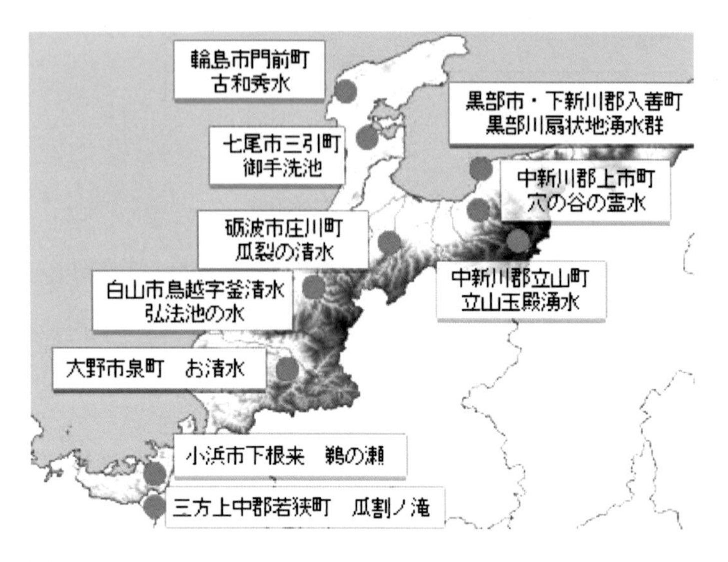

第十五章　琉球の名水

沖縄県

南城市玉城	垣花樋川	カキハナヒージャー
〃	仲村渠樋川	ナカンダカリヒージャー
宜野湾市	喜友名泉	チュンナーガー
〃	森の川	
中頭郡北中城村	荻道大城湧水群	

垣花樋川 (かきのはな　ひーじゃー)

沖縄県南城市玉城字垣花　　名水百選

沖縄本島南部は、ゆるやかな琉球石灰岩の丘陵地。非常に河川の少ない地であるため、この湧水は貴重な清水として大切にされてきた。素朴で美しい沖縄の自然に包まれた湧水地である。

垣花樋川は、青いサンゴ礁の海を望む丘の岩穴からの湧水で、かなりの水量が勢いよく流れ出している。斜面の右側を下る水は男川（イキガシー）、左側の流れは女川（イナグシー）と呼ばれ、その下の浅い池である馬浴川（ウマアミシー）で合流している。

樋川から垣花の集落へは、亜熱帯植物の林の中を下る急な石畳の坂道。かつて村人が、水汲、水浴などにこの坂道を行き来した。そのため、石畳の坂道には中休み（ナカユクイ）石（平坦なベンチの様な石盤）などが残っている。

馬浴川の直ぐ側ではクレソンの栽培がされている。

仲村渠樋川（なかんだかり　ひーじゃー）

南城市玉城仲村渠（なんじょうし　たまぐすく　なかんだかり）　重要文化財

垣花樋川の近く、仲村渠集落内にある共同用水施設で、沖縄の伝統的な石造井泉（せきぞうせいせん）。古くは「うふがー」と呼ばれた簡素な施設であったが、大正元年（1912）以降、琉球石灰岩等で造成された。

いきがが一（男性用水場）、いなぐがー（女性用水場）、広場、拝所、共同風呂、かーびら（石畳）によって構成され、北側からの湧水を水槽に貯え、水場へ流して使用されてきた。戦災で一部は破壊されたが、昭和39年に仮の改修がなされ、更に平成16年に大正期の状態に復元された。

湧水の量はさほど多くはないが、透明度の高い清水が屋根付きの貯水槽に満々と蓄えられており、溢れた水は水場に流れている。

アクセスMEMO　南城市の樋川

沖縄屈指の名水である垣花樋川や仲村渠樋川は、那覇空港から1時間弱の知念半島の丘陵にある。いずれも道は少々複雑な、表示も不十分。近くに世界遺産の斎場御嶽（セーファウタキ）があるので、緑の館セーファ：098-949-1899を指針にして、その周辺で聞くのが最善。途中美しいビーチの景観も楽しめる。

立ち寄りMEMO　斎場御嶽（せーふぁうたき）

2000年12月に「琉球王国のグスク及び関連遺産群」が世界遺産となった。その一つが斎場御嶽で、琉球王国最高の聖地とされる場所。

本島中南部は第二次世界大戦において甚大な被害を受けたが、この地は戦災を免れた。そのため、貴重な亜熱帯原生林に抱かれた霊的空間が維持されている。石畳の道を散策するだけで、心身ともに大きな蘇生効果を感じる場所である。

喜友名泉 チュンナーガー

沖縄県宜野湾市字喜友名西原 1607 番地　重要文化財

米軍普天間基地のある宜野湾市は湧水の名所でもある。その一つに、喜友名泉がある。いまの読み方は「キユナ」だが、この湧水は方言読みでチュンナーガーと呼ばれている。

米軍のキャンプ瑞慶覧（ズケラン）の中にある。基地内だが、二重フェンスで囲まれている。管理は宜野湾市教育委員会なので、前もって電話連絡をすれば、鍵を開けて案内してもらえる。　（連絡先 098-893-4431）

水を汲むだけあれば、水源からパイプで送水される清潔な取水場が公道沿いの入口に設置されており、水量も豊富で自由に取水できる。

森の川（もりのかわ）

沖縄県宜野湾市真志喜　森川公園内

森川公園内に流れる湧水で、絶えず水が湧き出ている清泉。かつては、喜友名泉とともに中部沖縄の貴重な水源として大切にされ、拝所（うがんじょ、信仰の対象）にもなっていたという。現在では公園の一部として、地区住民の憩いの場になっている

アクセスMEMO

那覇から約40分、国道５８号線の伊佐の信号を右折（普天間方向）、なだらかな坂道を登ると2つ目の信号のすぐ先に喜友名泉の入口がある。森川公園は通称パイプライン通り（県道２５１号線）の山側に公園入口と駐車場がある。

荻道大城湧水群（おぎどうおおぐすくゆうすいぐん）

沖縄県中頭郡北中城村字大城　　平成の名水百選

近くの中城城跡とほぼ同様の琉球石灰岩の布積みであることから、この湧水施設は１５世紀半ばにできたと推定される。とくにその代表格であるアガリヌカーは、戦後上水道が布設されるまで、集落の住民の飲料水として利用されてきた名水。

集落の人達がここに水を汲みに来て、ユンタク（何人かで会話を楽しむ）をしていた様子が偲ばれる。

現在は、毎日地域の住民による湧水周辺の美化清掃、草木への水やりなどが行われている。すぐ近くに、県道146号線の反対側（山側）に、集落で最も古い共同井泉とチブガー（チブ井泉）がある。

ランやブーゲンビリアが湧水周辺の道路沿いに植えられており、のどかで明るい南国情緒豊かな場となっている。

立ち寄り MEMO

中村家住宅

重要文化財

戦前の沖縄の住居建築の特色を全て備えている建物で、沖縄本島内ではきわめて珍しい貴重な存在。台風などの強風・豪雨に対処しながら、高温多湿の亜熱帯性気候の下で、快適に暮らすための知恵と工夫が体現されている。自然との調和が絶妙な住空間となっており、室内に腰を下ろせば、心地よい風に癒される。

中城城跡

世界遺産

天然の崖を利用した城跡で、両側の海と南部丘陵が一望できる素晴らしい城跡。

アクセス MEMO

荻道大城湧水群は、沖縄自動車道の北中城 IC から 15 分程度。中村家住宅に駐車するのが最善。中村家住宅、中城城跡ともに案内表示が明確で迷うことはない。

食楽 MEMO　沖縄

なんといっても南国の沖縄ではトロピカル・フルーツがいい。食品店の店先にはマンゴーやパパイヤをはじめ、色とりどりのフルーツが揃っている。島バナナやスナックパインは、どこでも簡単に食べることが出来るので便利なうえ、味も抜群である。公園やビーチで手軽に楽しむのがいい。

食楽余談　石垣島と浜崎のオクサン

沖縄本島ではないが、石垣島の食楽として筆者が心酔しているものがある。それは浜崎のオクサンという魚である。八重山諸島（やえやましょとう）の美しいサンゴ礁の海の幸の中でも希少価値があり、そのマーサー煮（塩煮）は絶品。淡白で上品な白身魚で、全くクセや臭みはない。その昔、島で暮らす浜崎さんがこの魚が大好きで、毎日のように浜崎のおくさんが買いにきていたことから、ハマサキのオクサンと呼ばれる。

一般的な魚名はトガリエビスで、キンメダイ目・イットウダイ亜目に分類されている。浜崎のオクサンは海人居酒屋「源」で賞味できる。

（源　新栄店 0980-83-2766）

（魚の写真 : http://portal.nifty.com による）

あとがきと謝辞

ふとしたきっかけで、名水の案内書を刊行する機会を得ました。その第一巻として、西日本の名水探訪を2014年5月の連休明けから開始し、名水百選に選定されているものを中心に、6ヶ月の期間で踏査を行い、取り纏めたものがこの書物です。

名水を訪ねると、渓流の美しさ、明るい林の優しさ、火山の力強さなど、大自然の生命力に魅せられます。朗らかな人との出会いもあります。そのため、遠路の踏査や山岳隘路の運転も苦にはなりませんでした。

名水の取材では、いろんな事が学べます。各地の気候や風土の特色、カルデラや河岸段丘といった地学的な知識、歴史や伝統文化、その地で暮らす人々の雰囲気など、広範囲にわたって興味は尽きません。

また、名水のほとんどが国立公園や国定公園の域内にあるため、周辺の散策中に自分自身の生命力の蘇生を実感できます。さらに、行く先々の新鮮で美味しい食べ物は大きな楽しみでした。

とはいえ、6ヶ月という限られた期間に西日本の広い地域に分散している百箇所近くの名水を巡るのは結構大変な作業です。予算や時間の都合で離島など踏査できなかった名水も少なくないのですが、とりあえず刊行に漕ぎ着けることができたのは大きな喜びです。

これも、多くの人々のご厚情とご協力のおかげです。とくに長年に渡ってご交友頂いている枡田金一郎、久田輝雄、鈴木博、大成剛司、村辺哲雄の各氏、出版元の三恵社の木全哲也社長の暖かいご協力を頂きました。

最後に、この本をご高覧頂いた読者の方々に、衷心より御礼を申し上げて謝辞とさせて頂きます。ありがとうございました。

平成２７年　1月　著者

巻末資料1　撮影機材について

この本に掲載しているほとんどの写真（出典を表記しているもの以外）は、すべて筆者が現地踏査で撮影したものである。筆者の撮影力では描写が不十分であるが、言葉では伝えきれない名水の魅力のイメージ伝達の一助となれば幸いである。

今般の名水の踏査には小型軽量で便利な機材を活用した。下にリストしたものがそれらで、豪雨などの悪条件下でも大いに期待に応えてくれた。

主撮影機材　：オリンパス OMD　EM-5　（補助機材：LEICA　X 1）

レンズ　：	M.ZUIKO　DIGITAL	12-40mm	F2.8
	〃	12mm	F2
	〃	75-300mm	F4.8-6.7
	DG　SUMMILUX	25mm	F1.4

水中撮影：オリンパス　TOUGH　F2.0

巻末資料２　名水について

名水とは、一般的には良好な水質と水量を保ち続けて、古くから各地で大切にされてきた湧水・地下水・河川などのことである。「名水」とされるかどうかについての明確な基準はない上、名水とされていても飲用に適するかどうかは別である。

飲用としての名水は概ね次の4つの種類に分類できる。

①茶の湯や酒造などに重宝される水。

②水道水のカルキ臭などを避けるために用いられる水。

（日常のお茶・コーヒー、料理・炊飯などに使われる）

③ミネラル補給など健康を意図して飲用される水。

④病などに効くと信仰される霊水。

近年はブランド化されて販売されている水も多い。また、観光資源の一つとしても重視されつつある。

「名水百選」とは、1985年（昭和60年）3月に、環境庁水質保全局によって選定されたものである。また、2008年（平成20年）6月に、環境省の水・大気環境局によって「平成の名水百選」が選定されている。相互感に重複はなく、合わせて200選となる。環境省が選定したこれらの名水は、必ずしも最高の水とはいえないが、湧水に関してはある程度の水準が維持されているところが多い。この他、各都道府県でも一般に名水がリストアップされている。さらに公的機関の選定でない名水も数多く存在する。

MEMO　水は生命維持の源泉

人間の体は、成人で体重の約65%が水分である。子供は約70%、老人は約55%と老化とともに水分が減ってゆく。水分こそが、細胞内液と血液やリンパ液など、生命維持の源泉である。

巻末資料３　軟水と硬水

清く透明の天然水であっても、含有物の成分によってその性質は異なる。そこで、一つの基準として「水の硬度」が採用されている。これは、水に含まれるカルシウム塩やマグネシウム塩の含有量による類である。

WHO（世界保健機関）では、硬度の数値によって、以下のように分類している。

軟水	soft	0 - 60 未満
中軟水（中硬水）	moderately soft /hard	60 - 120 未満
硬水	hard	120 - 180 未満
非常な硬水	very hard	180 以上

ヨーロッパの水はほとんどが硬水であり、日本の水は軟水が多い（関東の一部と沖縄県は硬水が多い)。硬水は日本人の口には合わないとされ、水道水の硬度は 100 以下に抑えられていることが多い。

フランスのミネラルウォーターであるエビアン（Evian）やヴィッテル（Vittel）の硬度は 300 を超え、WHO の基準では「非常な硬水」に属する。同じフランスのミネラルウォーターでも、ボルヴィック（Volvic）は軟水である。

軟水は、お茶、だし汁、料理、酒造、染色などに適している。硬水はミネラル分の補給の面では優位だが、ご飯や豆を煮ると固くなるといわれる上、昆布などの旨みを引き出せないので、お茶や料理には一般的には不向きとされている。

美味しい水

美味しさについては、水に含まれる成分や硬度も影響するが、水温の影響が特に大きい。味については結局は個人の好みによって主観的に判断するしかない。

巻末資料４　律令国の地図　http:/upload.wikimedia.による

奈良時代から明治初期まで用いられた日本の地理区分。現代でも文化や風土の面ではある程度の意味を持っており、薩摩あげや筑前煮など律令国名をつけた料理の名が一般的に使われている。また旅行時の歴史理解の面で大いに参考になる。

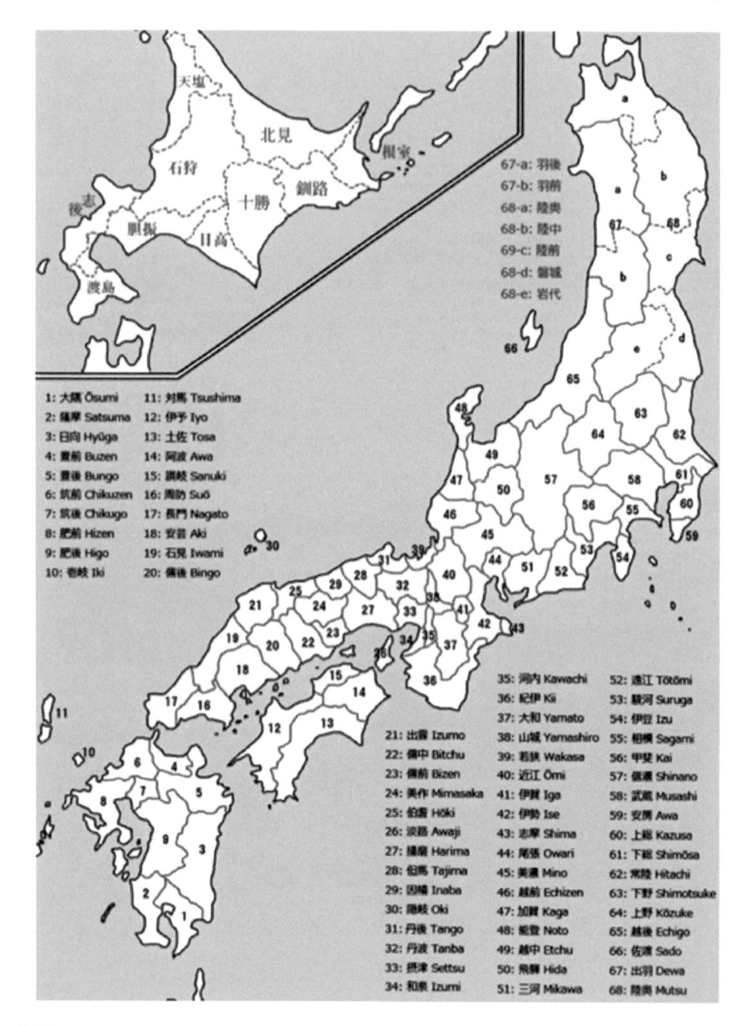

著者略歴

重里　俊行（しげさと　としゆき）

1950年、大阪生まれ。ハーヴァード大学研究員、同志社大学講師、近畿大学助教授、慶應義塾大学教授などを歴任。現在、(株)アカデミック・ブレーン代表取締役。現在の主な研究テーマは、潜在意識の活性化と生命力の蘇生。本書の名水紀行もその一環である。

日本名水紀行　巻一　西日本編　生命力の泉と食楽

2015年1月11日　初版発行

著者　重里　俊行

定価（本体価格3,000円+税）

発行所　株式会社　三恵社
〒462-0056　愛知県名古屋市北区中丸町2-24-1
TEL 052(915)5211
FAX 052(915)5019
URL http://www.sankeisha.com